Hans-Arno Künstler · Wolfgang Oberthür

Praktische Elektronik Teil 1

Messen mit dem Oszilloskop ·
Schaltungen mit Dioden, Transistoren und
lichtempfindlichen Bauelementen

Arbeitsblätter und Bauanleitungen
für ein 40stündiges Praktikum

11., durchgesehene Auflage

Pflaum Verlag München

Die Deutsche Bibliothek – CIP-Einheitsaufnahme

Künstler, Hans-Arno:
Praktische Elektronik : Arbeitsblätter und Bauanleitungen für
ein 40stündiges Praktikum / Autoren Hans-Arno Künstler ;
Wolfgang Oberthür. [Heinz-Piest-Institut für
Handwerkstechnik an der Universität Hannover]. – München ;
Bad Kissingen ; Berlin ; Düsseldorf ; Heidelberg : Pflaum.
 (HPI-Fachbuchreihe Elektronik, Mikroelektronik)

Messen mit dem Oszilloskop
 Teil 1. Schaltungen mit Dioden, Transistoren und
 lichtempfindlichen Bauelementen. – 11. Aufl. – 2002
 ISBN 3-7905-0886-1

ISBN 3-7905-0886-1

Copyright 2002 by Richard Pflaum Verlag GmbH & Co. KG, München · Bad Kissingen · Berlin · Düsseldorf · Heidelberg
Das Werk ist urheberrechtlich geschützt. Die dadurch begründeten Rechte, insbesondere die der Übersetzung, des Nachdruckes, der Entnahme von Abbildungen, der Funksendung, der Wiedergabe auf photomechanischem oder ähnlichem Wege und der Speicherung in Datenverarbeitungsanlagen, bleiben, auch bei nur auszugsweiser Verwertung, vorbehalten.
Die Wiedergabe von Gebrauchsnamen, Handelsnamen, Warenbezeichnungen usw. in diesem Werk berechtigt auch ohne besondere Kennzeichnung nicht zu der Annahme, daß solche Namen im Sinne der Warenzeichen- und Markenschutz-Gesetzgebung als frei zu betrachten wären und daher von jedermann benutzt werden dürften.
Wir übernehmen auch keine Gewähr, daß die in diesem Buch enthaltenen Angaben frei von Patentrechten sind; durch diese Veröffentlichung wird weder stillschweigend noch sonstwie eine Lizenz auf etwa bestehende Patente gewährt.
Gesamtherstellung: Pustet, Regensburg

Vorwort zur 10. Auflage

Seit über 20 Jahren werden die Arbeitsblätter »Praktische Elektronik, Teil 1« zur Heranführung junger Menschen an die Elektronik mit großem Erfolg eingesetzt. Diese Arbeitsblätter wollen und können kein Lehrbuch der Elektronik sein. Sie enthalten vielmehr Bauanleitungen für den Aufbau einfacher elektronischer Schaltungen sowie Anweisungen für deren meßtechnische Untersuchung. So baut der Praktikumsteilnehmer stufenweise ein kleines, aus einzelnen Bauteilen bestehendes, geregeltes Netzgerät auf, das anschließend zum Betrieb der ebenfalls aufzubauenden Kippstufen dient. Bei allen Schaltungen wurde großer Wert auf Einfachheit und Betriebssicherheit gelegt.

Die Arbeitsblätter wurden wiederholt der technischen Entwicklung angepaßt. In den ersten Auflagen war ein Aufbau mit Lötösenleisten vorgeschlagen. 1974 erfolgte die Umstellung der für Versuche verwendeten Bauteile von Germanium- auf Siliziumtechnologie, später wurde die gedruckte Schaltung eingeführt, wobei besonders auf die großflächige Schaltungsauslegung geachtet wurde. Bei allen Umstellungen wurden die bewährten elektronischen Schaltungen und das Konzept der eingeschobenen meßtechnischen Untersuchungen nahezu unverändert beibehalten. Für cie 11. Auflage erfolgten nur einige textliche Anpassungen.

Hannover, Juli 2002

Dr. Helmut M. Greif
Leiter des Heinz-Piest-Instituts

Inhaltsverzeichnis

0.1	Erforderliche Spannungsquelle, Meßgeräte, Werkzeuge und Bauteile	5
0.2	Löthinweise und Farbcode	6
1.1	Das Oszilloskop	7
1.2	Mechanischer und elektrischer Grundaufbau	8
1.3	Messungen mit dem Oszilloskop	9
1.4	Messungen mit dem Oszilloskop	10
2.1	Diode	11
2.2	Bauplan Einweggleichrichterschaltung	12
2.3	Einweggleichrichterschaltung	13
2.4	Bauplan Brückengleichrichterschaltung	14
2.5	Brückengleichrichterschaltung	15
2.6	Bauplan Glättungsglied	16
2.7	Glättungsglied	17
2.8	Bauplan Siebglied	18
2.9	Siebglied	19
3.1	Bauplan Z-Diode	20
3.2	Z-Diode	21
3.3	Z-Diode	22
4.1	Transistor	23
4.2	Bauplan Transistor als verstellbarer Widerstand	24
4.3	Transistor als verstellbarer Widerstand	25
4.4	Bauplan Stabilisiertes Netzgerät	26
4.5	Stabilisiertes Netzgerät	27
4.6	Geregeltes Netzgerät	28
4.7	Geregeltes Netzgerät	29
4.8	Bauplan Geregeltes Netzgerät	30
4.9	Geregeltes Netzgerät	31
5.1	Bauplan Transistor als Schalter	32
5.2	Transistor als Schalter	33
5.3	Bauplan Bistabile Kippstufe	34
5.4	Bistabile Kippstufe	35
5.5	Bauplan Monostabile Kippstufe	36
5.6	Monostabile Kippstufe	37
5.7	Bauplan Astabile Kippstufe	38
5.8	Astabile Kippstufe	39
6.1	Bauplan Lichtempfindliche Bauelemente	40
6.2	Lichtempfindliche Bauelemente	41
6.3	Bauplan Schmitt-Trigger	42
6.4	Schmitt-Trigger	43
6.5	Schmitt-Trigger	44
6.6	Temperaturempfindliche Bauelemente	45
6.7	Bauplan Temperaturempfindlicher Schalter	46
6.8	Temperaturempfindlicher Schalter	47
6.9	Bauplan Lichtempfindlicher Schalter	48
6.10	Lichtempfindlicher Schalter	49
6.11	Lichtempfindlicher Schalter	50

PE 1	PRAKTISCHE ELEKTRONIK – Teil 1	0.1
	Erforderliche Spannungsquelle, Meßgeräte, Werkzeuge und Bauteile	

Für die Durchführung dieses Praktikums wird **je Teilnehmer** benötigt:

1. **Spannungsquelle**

    12 V / 50 Hz / 1 A

2. **Meßgeräte**

    1 Oszilloskop (evtl. 1 Oszilloskop für zwei Teilnehmer)
    1 Vielfachmeßinstrument mit Überlastungsschutz (R_i größer 20 kΩ/V)

3. **Werkzeuge**

    1 Lötkolben 30 W; 1 Seitenschneider; 1 Telefonzange; 1 Pinzette; 1 Abisolierzange oder 1 Messer; 2 Schraubendreher; 1 Nagelbohrer

4. **Bauteile**

Pos.	Stück	Art	Pos.	Stück	Art
1	1	Gedruckte Schaltung PE 1	22	1	Trimmpotentiometer 250 kΩ
2	1	Transistor BD 241 A	23	1	Elko 10 µF/25 V
3	2	Transistor BC 140	24	1	Elko 22 µF/25 V
4	5	Transistor BC 107 B	25	1	Elko 100 µF/25 V
5	1	Fototransistor BPW 40	26	1	Elko 220 µF/25 V
6	6	Dioden 1N4001 oder 1N4006	27	1	Elko 1000 µF/25 V
7	2	Zenerdioden 5,6 V (5,1 V) / 400 mA	28	1	Kondensator 0,47 µF
8	2	LED 5 mm	29	1	Sicherungshalter
9	1	PTC-Widerstand E 220 ZZ/01 o. ä.	30	1	Feinsicherung 0,4 A fl.
10	2	Widerstand 330 Ω	31	1	Telefonbuchse rot, vollisoliert
11	2	Widerstand 390 Ω	32	1	Telefonbuchse blau, vollisoliert
12	1	Widerstand 680 Ω	33	2	Telefonbuchse schwarz, vollisoliert
13	3	Widerstand 1 kΩ	34	2	Miniatur-Niederspannungstaster
14	1	Widerstand 2,2 kΩ	35	2	Fassung E 10 mit Lötfahne
15	1	Widerstand 3,3 kΩ	36	2	Lämpchen 12 V/0,1 A
16	3	Widerstand 4,7 kΩ	37	2	Winkel für Telefonbuchsen
17	3	Widerstand 10 kΩ	38	1	Spanplatte 28 cm x 16 cm x 1,1 cm
18	3	Widerstand 56 kΩ	39	10	Holzschraube 2,4 mm x 10 mm
19	2	Widerstand 100 kΩ	40	–	0,5 m Schaltdraht, 0,5 mm ⌀, versch. Farben
20	1	Trimmpotentiometer 1 kΩ	41	–	1 m Lötzinn
21	1	Trimmpotentiometer 2,5 kΩ			

Lieferant von Bausätzen

Dipl.-Ing. G. Wyputta, Alte Amalienstraße 38, 26135 Oldenburg, Telefon (04 41) 1 56 42, Fax (04 41) 2 48 98 51.

Preisliste und Lieferbedingungen können direkt bei der genannten Firma angefordert werden.

PE 1	PRAKTISCHE ELEKTRONIK – Teil 1	0.2
	Löthinweise und Farbcode	

Womit wird gelötet?

Für die Lötarbeiten in diesem Praktikum eignen sich besonders gut 30-Watt-Lötkolben. Zum Löten muß dünner Kolophonium-Lötdraht verwendet werden.
Achtung: Keine anderen Lötmittel verwenden.

Wie wird gelötet?

In elektronischen Schaltungen muß schnell gelötet werden, weil sonst die Lötkolbenhitze die Bauteile gefährdet. Werden Halbleiter, z.B. Dioden und Transistoren, eingelötet, dann muß der Anschlußdraht zwischen Lötstelle und Bauteil mit einer Telefon- oder Flachzange gehalten werden. Die Zange bewirkt, daß die Lötkolbenhitze abgeleitet und der Halbleiter nicht zerstört wird.
Es ist zweckmäßig, Widerstände, Dioden und Kondensatoren vor dem Einbau in der angegebenen Weise abzubiegen:

Farbcode

Farbe	1. Ring	2. Ring	3. Ring	4. Ring
	1. Ziffer	2. Ziffer	Anzahl der Nullen	Toleranz (%)
schwarz	0	0	keine 0	—
braun	1	1	0	1
rot	2	2	00	2
orange	3	3	000	—
gelb	4	4	0000	—
grün	5	5	00000	—
blau	6	6	000000	—
violett	7	7	0000000	—
grau	8	8	—	—
weiß	9	9	—	—
gold	—	—	× 0,1	5
silber	—	—	× 0,01	10
ohne Farbe	—	—	—	20

Beispiel

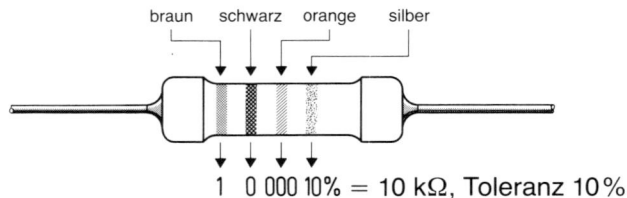

1 0 000 10% = 10 kΩ, Toleranz 10%

PE 1	PRAKTISCHE ELEKTRONIK – Teil 1	1.1
	Das Oszilloskop	

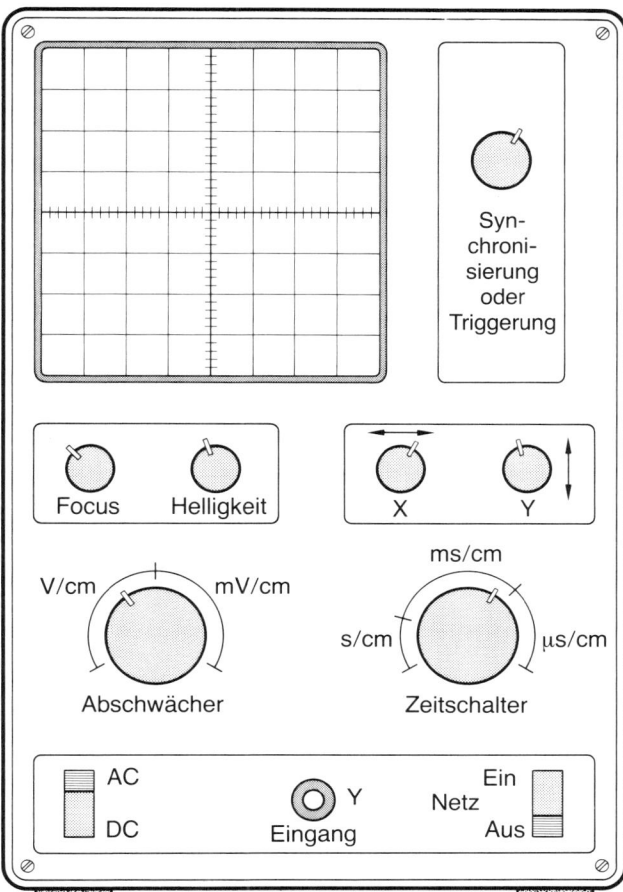

Die wichtigsten Einstellorgane eines Oszilloskops befinden sich auf der Frontseite. Ihre Anordnung kann je nach Fabrikat und Type sehr unterschiedlich sein.

Im Bild sind lediglich die **wichtigsten dieser Einstellorgane** und ihre **mögliche Anordnung** wiedergegeben.

1. Ausschalter
2. Helligkeitseinsteller
3. Schärfeneinsteller
4. Zeitschalter (X-Achse) →
5. Abschwächer (Y-Achse) ↑
6. Umschalter AC–DC
   (Wechselspannung–Gleichspannung)
7. Senkrechte Strahlverschiebung (Y) ↕
8. Waagerechte Strahlverschiebung (X) ↔
9. Synchronisier- oder Trigger-Einsteller

Messen von Wechselspannungen (AC)

Meßobjekt mit der Eingangsbuchse verbinden.

Abschwächer so verstellen, daß das Bild auf dem Schirm gut sichtbar ist.

Bild **zu klein** = Abschwächer in Richtung **kleinerer** Zahlen verstellen.

Bild **zu groß** = Abschwächer in Richtung **größerer** Zahlen verstellen.

Zeitschalter so einstellen, daß zwei bis drei Perioden geschrieben werden.

Das Oszillogramm wird auseinandergezogen, wenn der Zeitschalter in Richtung kürzerer Zeiten gedreht wird (1 µs ist kürzer als 1 ms!).

Synchronisier- oder Trigger-Einsteller so verstellen, daß das Oszillogramm ruhig steht.

Der Zahlenwert der Amplitude wird ermittelt, wenn man die **senkrechte Auslenkung (Y-Achse)** des Elektronenstrahls (in Zentimeter oder Teilstrichen des Rasters) mit der am **Abschwächer** eingestellten Zahl multipliziert.

Die Periodendauer wird ermittelt, wenn man die **waagerechte Auslenkung (X-Achse)** des Elektronenstrahls während einer Periode (in Zentimeter oder Teilstrichen des Rasters) mit der am **Zeitschalter** eingestellten Zahl multipliziert.

Bei Wechselspannungsmessungen kann der Umschalter im allgemeinen auf AC **oder** DC stehen.

Werden aber kleine Brummspannungen gemessen, dann muß der Umschalter auf AC stehen, weil sonst der Gleichspannungsanteil den Elektronenstrahl über den Oszilloskopenschirm hinaus ablenkt.

Messungen von Gleichspannungen (DC)

Meßobjekt mit Eingangsbuchse verbinden. Umschalter auf AC! Waagerechten Strich schreiben. Zeitschalter dabei so einstellen, daß das Oszillogramm nicht flimmert. Umschalter auf DC schalten. Abschwächer dabei so einstellen, daß der beim Umschalten springende Strahl innerhalb des Bildschirmes bleibt. Höhe des Spannungssprunges ausmessen.

Die Richtung des Spannungssprunges beim Umschalten von AC auf DC gibt an, ob die Gleichspannung positiv (Strahl springt nach oben) oder negativ (Strahl springt nach unten) ist.

PE 1	**PRAKTISCHE ELEKTRONIK – Teil 1**	1.2
	Mechanischer und elektrischer Grundaufbau	

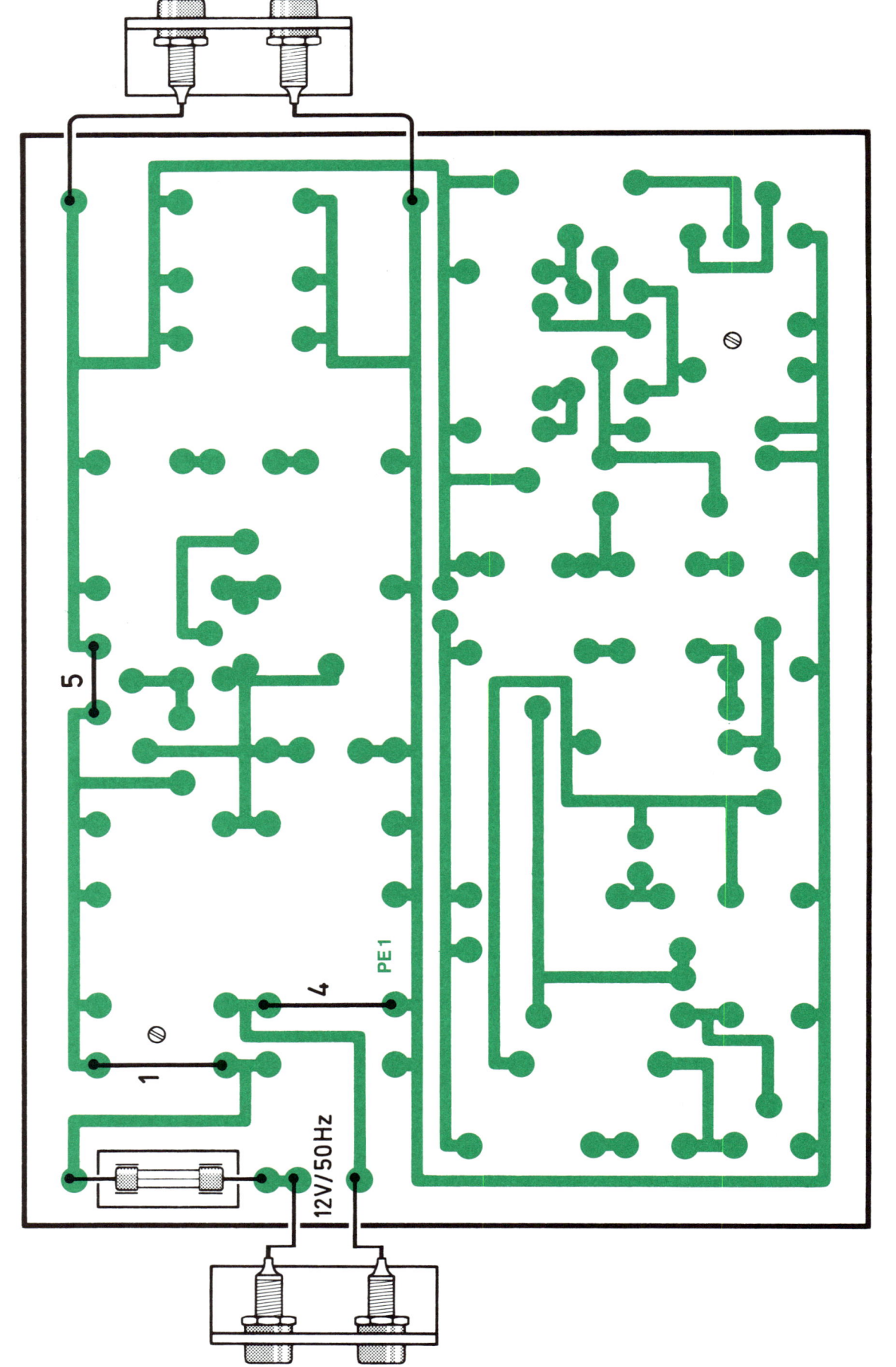

PE 1	PRAKTISCHE ELEKTRONIK – Teil 1	1.3
	Messungen mit dem Oszilloskop	

B (Bauanleitung)

Platine und Winkel mit Telefonbuchsen nach Bauplan 1.2 auf Spanplatte aufbauen. Brücken 1, 4 und 5 sowie Sicherungshalter einlöten. Telefonbuchsen anschließen. Betriebsspannung $U_B = 12\,V/50\,Hz$ anlegen.

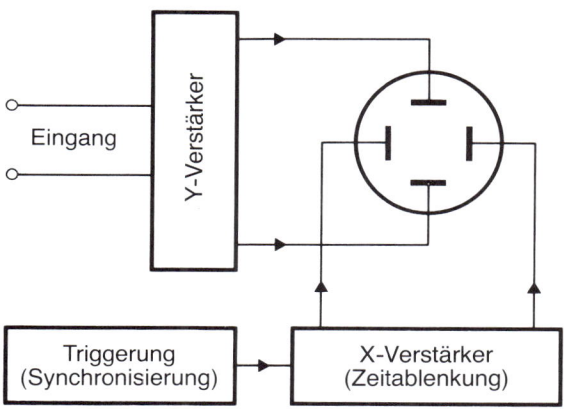

M 1 (Meßanweisung)

Die Eingangswechselspannung U_B mit Vielfachinstrument messen (Bereich AC oder ~!). Instrument an den Telefonbuchsen auf rechter Seite anschließen.

$U_B = $ _____ V bei $I = 0\,A$

Mit dem Vielfachinstrument werden bei Wechselstrom **Effektivwerte** gemessen.

M 2

Oszilloskop einschalten. Waagerechten Strich schreiben.

M 3

Oszilloskop an den Meßklemmen des Vielfachinstrumentes anschließen. Masse an Minus! Sinuslinie schreiben.

M 4

X-Ablenkung abschalten. Senkrechten Strich schreiben.

Aufbau des Oszilloskopes

Jedes Oszilloskop enthält: Elektronenstrahlröhre, Y-Verstärker, Zeitablenkung, Synchronisiereinrichtung und Stromversorgungsteil. Vom Verstärker für die Zeitablenkspannung, dem X-Verstärker, sind oft die Eingangsklemmen wie beim Y-Verstärker herausgeführt. Bei modernen Oszilloskopen wird die Synchronisierung durch eine Triggereinrichtung ersetzt.

Elektronenstrahlröhre

Sie ähnelt einer verkleinerten Fernsehröhre, hat also einen Bildschirm und eine hinten eingebaute Elektronenkanone. Der Elektronenstrahl wird gebündelt und erzeugt in der Mitte des Bildschirmes einen Leuchtpunkt. Mit den X- und Y-Platten wird der Elektronenstrahl abgelenkt.

Achtung: Der Elektronenstrahl brennt ein Loch in die Leuchtschicht des Schirmes, wenn bei fehlender Ablenkung der Helligkeitsregler zu weit aufgedreht wird.

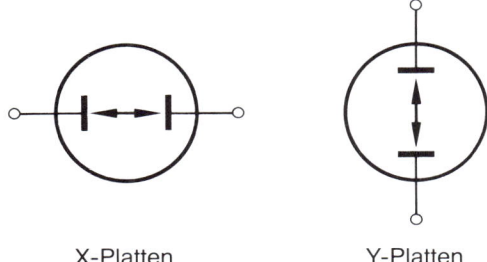

X-Platten   Y-Platten

Arbeitsweise der Elektronenstrahlröhre

Wechselspannung an den Y-Platten lenkt den Elektronenstrahl von oben nach unten ab. Wird die Zeitablenkung an die X-Platten geschaltet, dann wird der senkrechte Strich auseinandergezogen. Es entsteht eine Sinuslinie.

PE 1	PRAKTISCHE ELEKTRONIK – Teil 1	1.4
	Messungen mit dem Oszilloskop	

M 1

Die Eingangswechselspannung U_B mit Vielfachinstrument und Oszilloskop messen. Nullinie schreiben. Eingangswähler auf Wechselspannung (AC). Abschwächer des Y-Verstärkers einstellen. Synchronisieren oder Triggern ergibt stehendes Schirmbild.

Der **Scheitelwert** $\hat{u}$ ist der Maximalwert einer Halbwelle.

$\hat{u} = $ _____ V

Der **Spitzenwert** U_{SS} ist der doppelte Scheitelwert.

$U_{SS} = 2 \cdot \hat{u} = $ _____ V

Der **Effektivwert** U_{eff} ist der 0,707fache Scheitelwert.

$U_{eff} = 0{,}707\,\hat{u} \approx \dfrac{U_{SS}}{3} \approx $ _____ V

M 2

Die Periodendauer T von U_B ermitteln. Die Periodendauer T ist die Dauer einer Schwingung

$T = \dfrac{1}{f}$.

Bei $f = 50$ Hz ist $T = $ _____ ms

M 3

Die Frequenz f von U_B mit dem Oszilloskop ermitteln. Die Frequenz f gibt an, wieviel Schwingungen in einer Sekunde ablaufen.

$f = $ _____ Hz

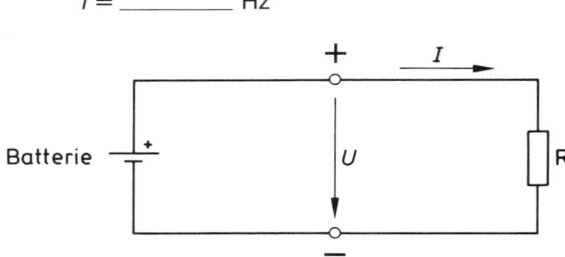

M 4

Eine Gleichspannung mit dem Oszilloskop messen. Es kann z. B. die an den Meßleitungen eines Ohmmeters anstehende Spannung der eingebauten Batterie gemessen werden. Nullinie schreiben. Eingangswähler auf Gleichspannung (DC). Abschwächer des Y-Verstärkers einstellen.

$U_{Batt} = $ _____ V

Synchronisieren: Die Ablenkfrequenz ist so einzustellen, daß sie entweder gleich oder ein ganzzahliges Vielfaches der Frequenz der Meßspannung ist.

Triggern: Die Ablenkung des Elektronenstrahles in X-Richtung wird durch die Meßspannung gestartet. Die Ablenkfrequenz kann beliebig gewählt werden.

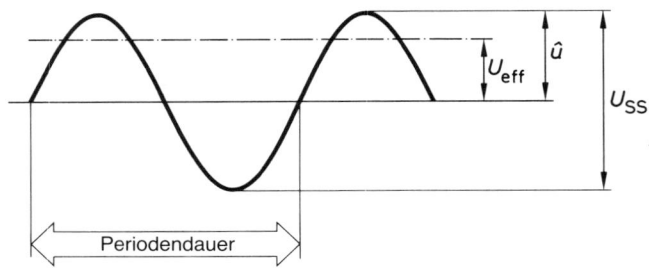

Spannung [V] = eingestellter Ablenkfaktor mal abgelesener Meßwert

$U[V] = AF \left[\dfrac{V}{cm}\right] \cdot Y\,[cm]$

(AF = Ablenkfaktor)

Beispiel

$AF = 2\,\dfrac{V}{cm}$ am Oszilloskop eingestellt

$Y = 3{,}2$ cm abgelesen

$U = 2\,\dfrac{V}{cm} \cdot 3{,}2\,cm = 6{,}4$ V

Technische Stromrichtung

Im Verbraucher fließt der Strom I vom Plus- zum Minuspol und im Erzeuger (Batterie) vom Minus- zum Pluspol. Vereinbarungsgemäß ist dann der Spannungspfeil U vom Plus- zum Minuspol gerichtet.

Die Vereinbarung wurde getroffen, als man noch nichts von Elektronen wußte. Sie gilt aber unverändert weiter.

Richtung der Elektronenbewegung

Die Elektronen fließen im Verbraucher vom Minus- zum Pluspol. Elektronen sind negative Ladungsträger.

Achtung: Werden Vielfachmeßgeräte als Ohmmeter benutzt, so liegt am Minusanschluß des Meßgerätes meistens der Pluspol der eingebauten Batterie.

PE 1	PRAKTISCHE ELEKTRONIK – Teil 1	2.1
	Dioden	

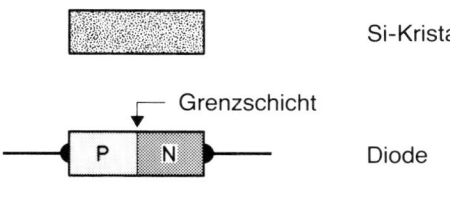 Si-Kristall

 Diode

 Schaltzeichen

Dioden werden aus Germanium (Ge) oder Silizium (Si) hergestellt. Reines Ge oder reines Si leitet den Strom nicht, da der Kristall keine freien Elektronen enthält.

Wird der Kristall mit Fremdatomen so verunreinigt (dotiert), daß die eine Seite N- oder negativ leitend und die andere Seite P- oder positiv leitend wird, dann bildet sich eine Grenzschicht, und man erhält eine Halbleiterdiode.

N-leitend = Elektronenüberschuß
P-leitend = Elektronenmangel (Löcherleitung)

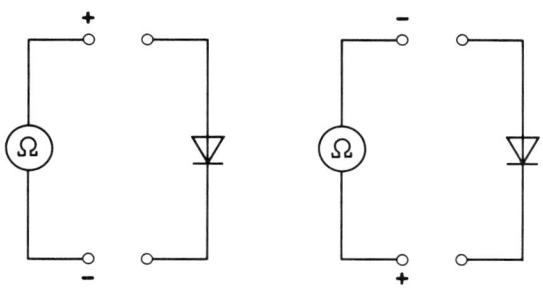

a) Diode wird in Durchlaßrichtung betrieben. Sie ist leitend. Auf der Skala des Meßgerätes kann der **Durchlaßwiderstand** R_D abgelesen werden.

b) Diode wird in Sperrichtung betrieben. Sie ist gesperrt. Auf der Skala des Meßgerätes kann der **Sperrwiderstand** R_S abgelesen werden.

Die Werte hängen dabei auch vom jeweiligen Arbeitspunkt (eingestellten Ohmbereich) ab.

Bei einem Gleichrichter in Brückenschaltung sind 4 Dioden zusammengeschaltet.

M
4 Dioden mit dem Vielfachmeßgerät (Ohmbereich 1 Ω einstellen) überprüfen.

Diode 1:
R_D = _____ Ω
R_S = _____ Ω

Diode 2:
R_D = _____ Ω
R_S = _____ Ω

Diode 3:
R_D = _____ Ω
R_S = _____ Ω

Diode 4:
R_D = _____ Ω
R_S = _____ Ω

Die ermittelten Werte R_D und R_S miteinander vergleichen.

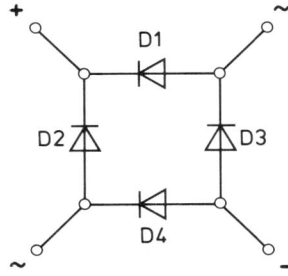

Mit der Diode können Wechselspannungen gleichgerichtet werden. Die Katode wird oft mit einem Pluszeichen versehen, weil dort der Pluspol des Verbrauchers (z.B. Akku) angeschlossen wird.

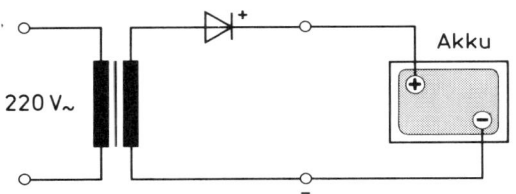

PE 1	**PRAKTISCHE ELEKTRONIK – Teil 1**	2.2
	Bauplan Einweggleichrichterschaltung	

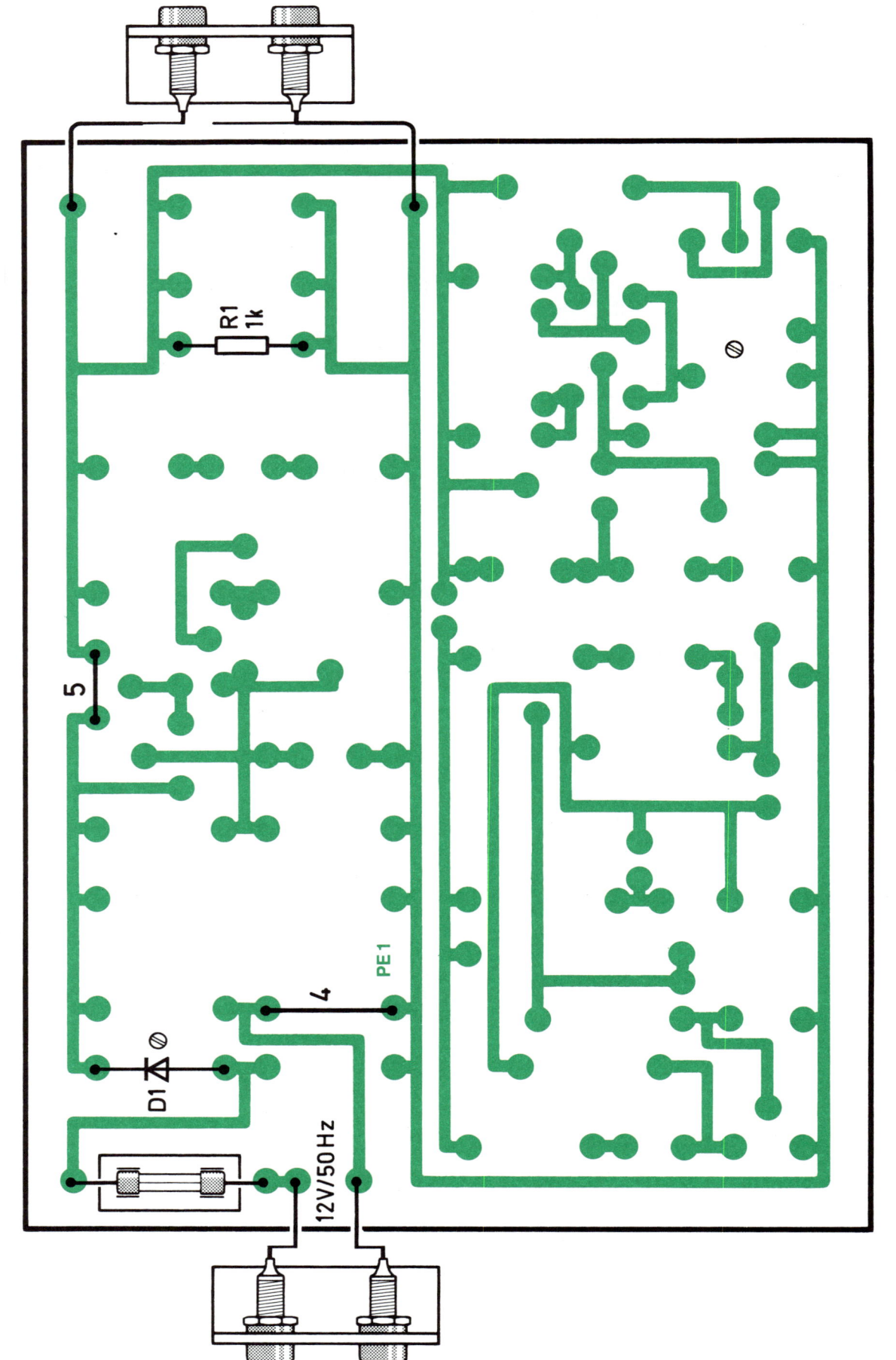

PE 1	PRAKTISCHE ELEKTRONIK – Teil 1	2.3
	Einweggleichrichterschaltung	

Einweggleichrichterschaltung

B 1

Brücke 1 auslöten und Bauteile entsprechend Bauplan 2.2 einlöten.

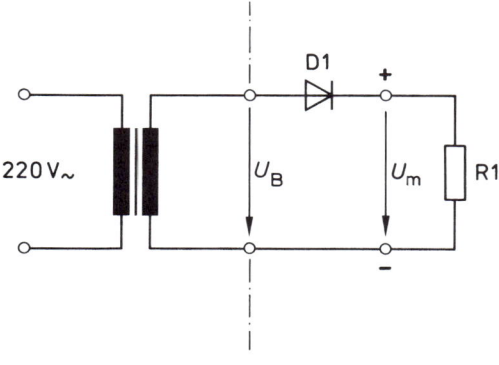

M 1

Gleichspannung an R1 (Telefonbuchsen) mit dem Vielfachinstrument messen.

Das Instrument zeigt den **arithmetischen Mittelwert** an.

Die Gleichspannung beträgt

$U_m = U =$ _____ V

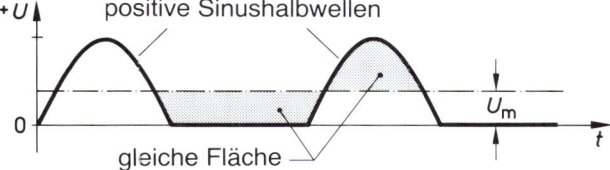

M 2

Oszilloskop an die Meßklemmen des Vielfachinstruments anschließen. Masse an Minus.

Oszilloskop so einstellen, daß einige Perioden abgebildet werden.

Verlauf der Ausgangsspannung in das Raster eintragen.

Arithmetischer Mittelwert U_m bei Einwegschaltung.

$$U_m = \frac{1}{\pi} \cdot \hat{u} = 0{,}318 \cdot \hat{u}$$

M 3

Aus dem Oszillogramm den Scheitelwert der Spannung ermitteln.

Der Scheitelwert beträgt:

$\hat{u} =$ _____ V

M 4

Aus dem Oszillogramm die Frequenz der Spannung ermitteln.

Die Frequenz beträgt

$f =$ _____ Hz

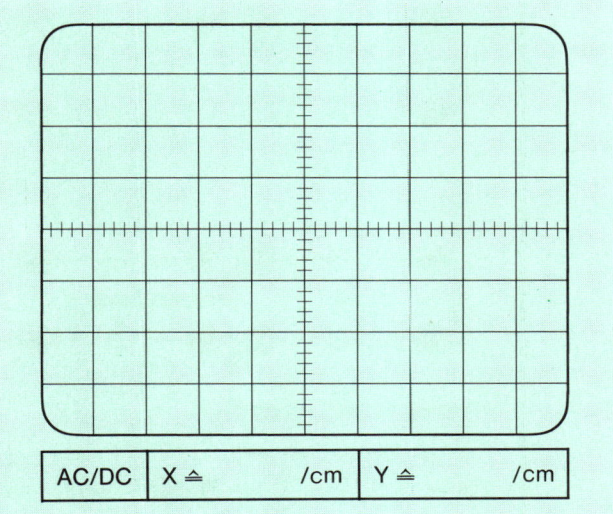

PE 1	**PRAKTISCHE ELEKTRONIK – Teil 1**	2.4
	Bauplan Brückengleichrichterschaltung	

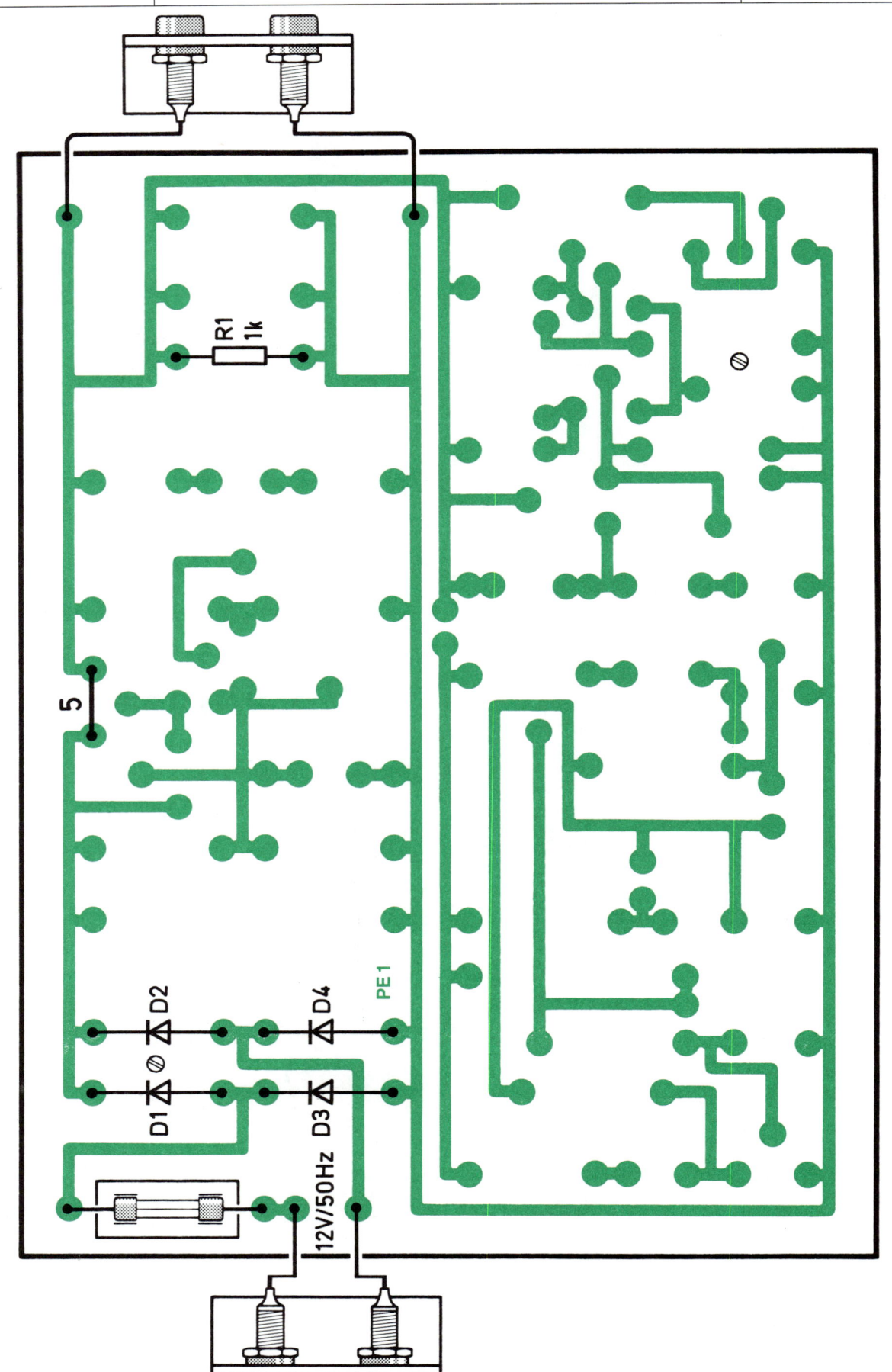

PE 1	PRAKTISCHE ELEKTRONIK – Teil 1	2.5
	Brückengleichrichterschaltung	

Brückengleichrichterschaltung

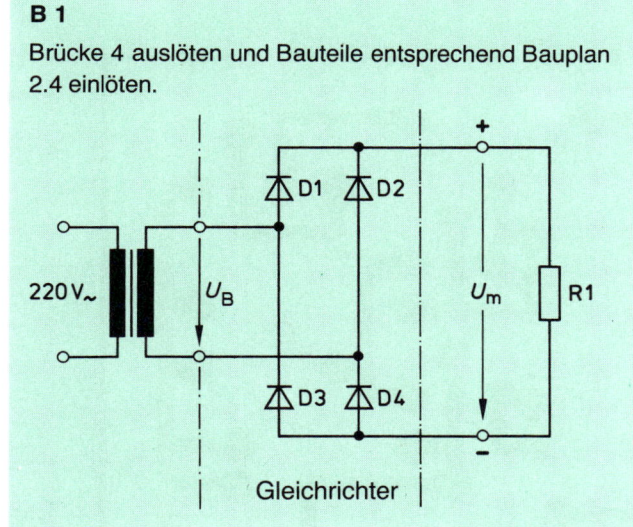

B 1
Brücke 4 auslöten und Bauteile entsprechend Bauplan 2.4 einlöten.

M 1

Gleichspannung an R1 (Telefonbuchsen) mit dem Vielfachinstrument messen.

Das Instrument zeigt den **arithmetischen Mittelwert** an.

Die Gleichspannung beträgt

$$U_m = U = _____ \text{ V}$$

M 2

Oszilloskop an die Meßklemmen des Vielfachinstruments anschließen. Masse an Minus.

Oszilloskop so einstellen, daß einige Perioden abgebildet werden.

Verlauf der Ausgangsspannung in das Raster eintragen.

M 3

Aus dem Oszillogramm den Scheitelwert der Spannung ermitteln.

Der Scheitelwert beträgt:

$$\hat{u} = _____ \text{ V}$$

M 4

Aus dem Oszillogramm die Frequenz der Spannung ermitteln.

Die Frequenz beträgt

$$f = _____ \text{ Hz}$$

Mit der **Brückenschaltung** werden beide Halbwellen der Wechselspannung gleichgerichtet.

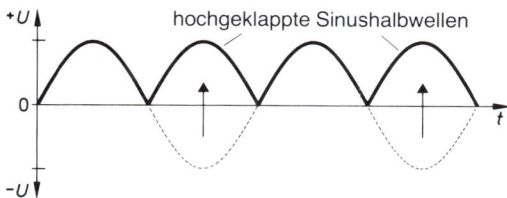

hochgeklappte Sinushalbwellen

Allgemein übliche Gleichrichterschaltung. Transformator wird voll ausgenutzt.
Kleiner Nachteil: Es sind immer zwei Dioden in Reihe geschaltet.

Arithmetischer Mittelwert U_m bei Brückenschaltung.

$$U_m = 2 \cdot \frac{1}{\pi} \cdot \hat{u} = 0{,}636 \cdot \hat{u}$$

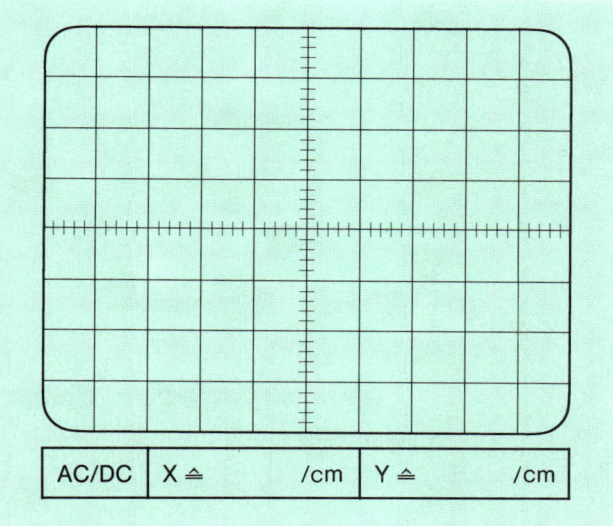

Schutz von Leistungsdioden

Den Leistungsdioden muß das vom Hersteller vorgeschriebene RC-Glied parallel geschaltet werden (TSE-Beschaltung). Wechselt die Diode vom leitenden in den Sperrzustand, dann reißt der Diodenstrom so plötzlich ab, daß an einer nachgeschalteten Induktivität eine hohe Induktionsspannung entsteht. Die Induktionsspannung kann die Diode zerstören, wenn das RC-Glied fehlt.

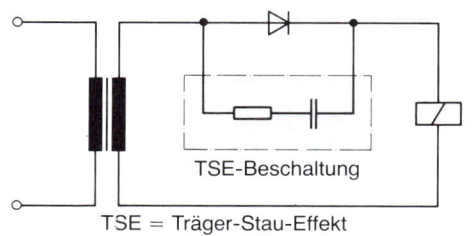

TSE = Träger-Stau-Effekt

PE 1	PRAKTISCHE ELEKTRONIK – Teil 1	2.6
	Bauplan Glättungsglied	

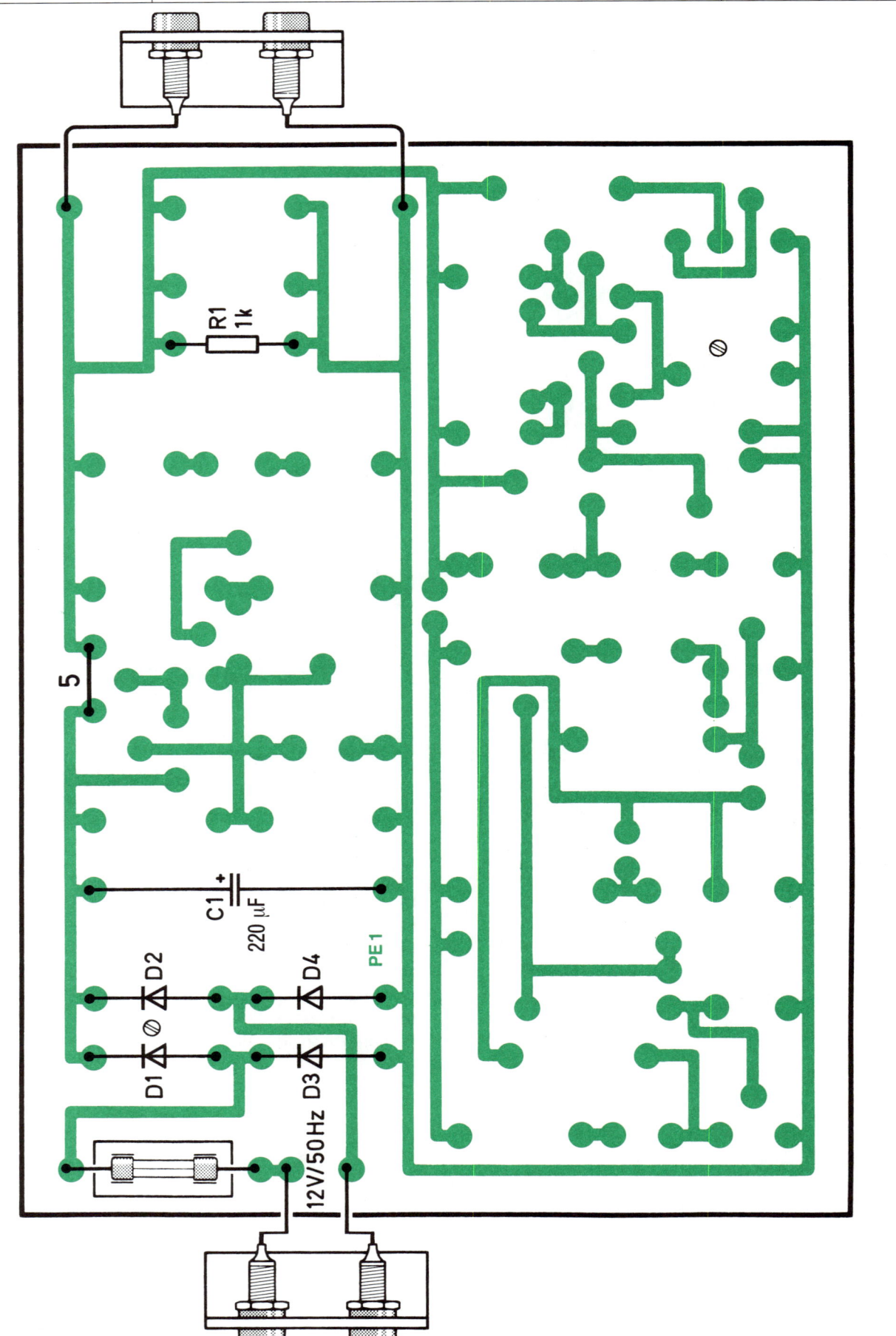

PE 1	PRAKTISCHE ELEKTRONIK – Teil 1	2.7
	Glättungsglied	

B 1

Ladekondensator $C1 = 220\ \mu F/25\ V$ einlöten.

M 1

Spannung an $R1 = 1\ k\Omega$ mit Oszilloskop und Vielfachinstrument und die Brummspannung (Spitze/Spitze) mit dem Oszilloskop messen. Frequenz der Brummspannung ermitteln.

$\hat{u}$ = _____ V; $U_{Br\,SS}$ = _____ V

U = _____ V; f = _____ Hz

Ergebnisse mit **M 1**, **M 3** und **M 4** (2.5) vergleichen.

B 2

$R1 = 1\ k\Omega$ an einer Seite ablöten.

M 2

Leerlaufgleichspannung U_0 mit Oszilloskop und Vielfachinstrument und die Brummspannung (Spitze/Spitze) mit dem Oszilloskop messen.

$\hat{u}$ = _____ V; U_0 = _____ V;

$U_{Br\,SS}$ = _____ V

B 3

D 2 und D 3 auf einer Seite ablöten und D 4 durch Brücke 4 ersetzen.

M 3

Messung **M 2** wiederholen und Ergebnisse vergleichen.

$\hat{u}$ = _____ V; U_0 = _____ V;

$U_{Br\,SS}$ = _____ V

B 4

$R1 = 1\ k\Omega$ wieder anlöten.

M 4

Messung **M 1** wiederholen und Ergebnisse vergleichen.

$\hat{u}$ = _____ V; $U_{Br\,SS}$ = _____ V

U = _____ V; f = _____ Hz

Ergebnisse **M 3** und **M 4** mit **M 1** und **M 2** (2.7) vergleichen.

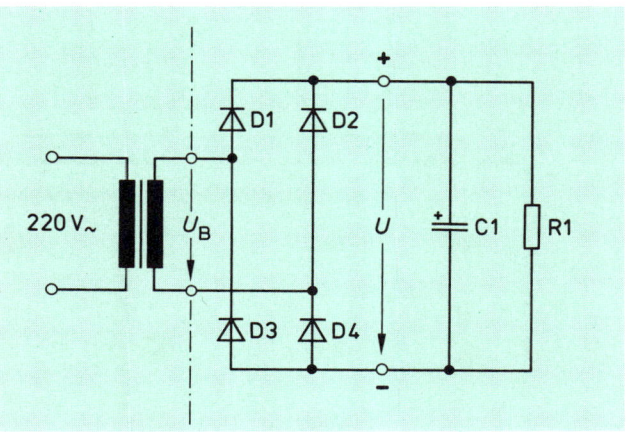

Werden Transistorschaltungen aus einem Gleichrichter mit Strom versorgt, dann muß die pulsierende Spannung geglättet werden. (Brummspannung $U_{Br\,SS}$ so klein wie möglich!)

Bei kleinen Lastströmen reicht die Glättung mit dem Ladekondensator C aus.

C treibt so lange Strom durch den Lastwiderstand R 1, bis die Amplitude $\hat{u}$ der Spannung U_{sek} des Transformators über die Kondensatorspannung ansteigt. Erst dann ist die im Stromkreis liegende Diode in Durchlaßrichtung gepolt, und C wird aufgeladen.

Sinkt die Trafospannung unter die Kondensatorspannung ab, dann sperrt die Diode. C entlädt sich über R 1, und die Ausgangsspannung sinkt wieder ab.

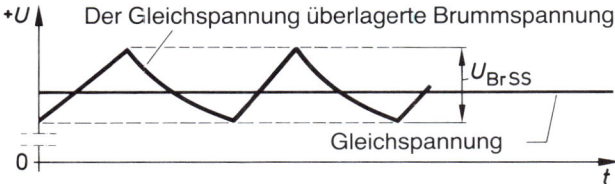

Die Brummspannung hängt ab von:

$$U_{Br\,eff} = k \cdot \frac{I\ (\text{in mA})}{C\ (\text{in }\mu F)}\ V \approx \frac{1}{3} U_{Br\,SS}$$

$k = 4,8$ Einwegschaltung
$k = 1,8$ Doppelwegschaltung

Die maximal zulässige Brummspannung wird allgemein in Prozent der Gleichspannung U angegeben.

Bei der Einwegschaltung tritt eine höhere Brummspannung als bei der Brückenschaltung auf. Die Brückenschaltung ist daher günstiger.

PE 1	**PRAKTISCHE ELEKTRONIK – Teil 1**	2.8
	Bauplan Siebglied	

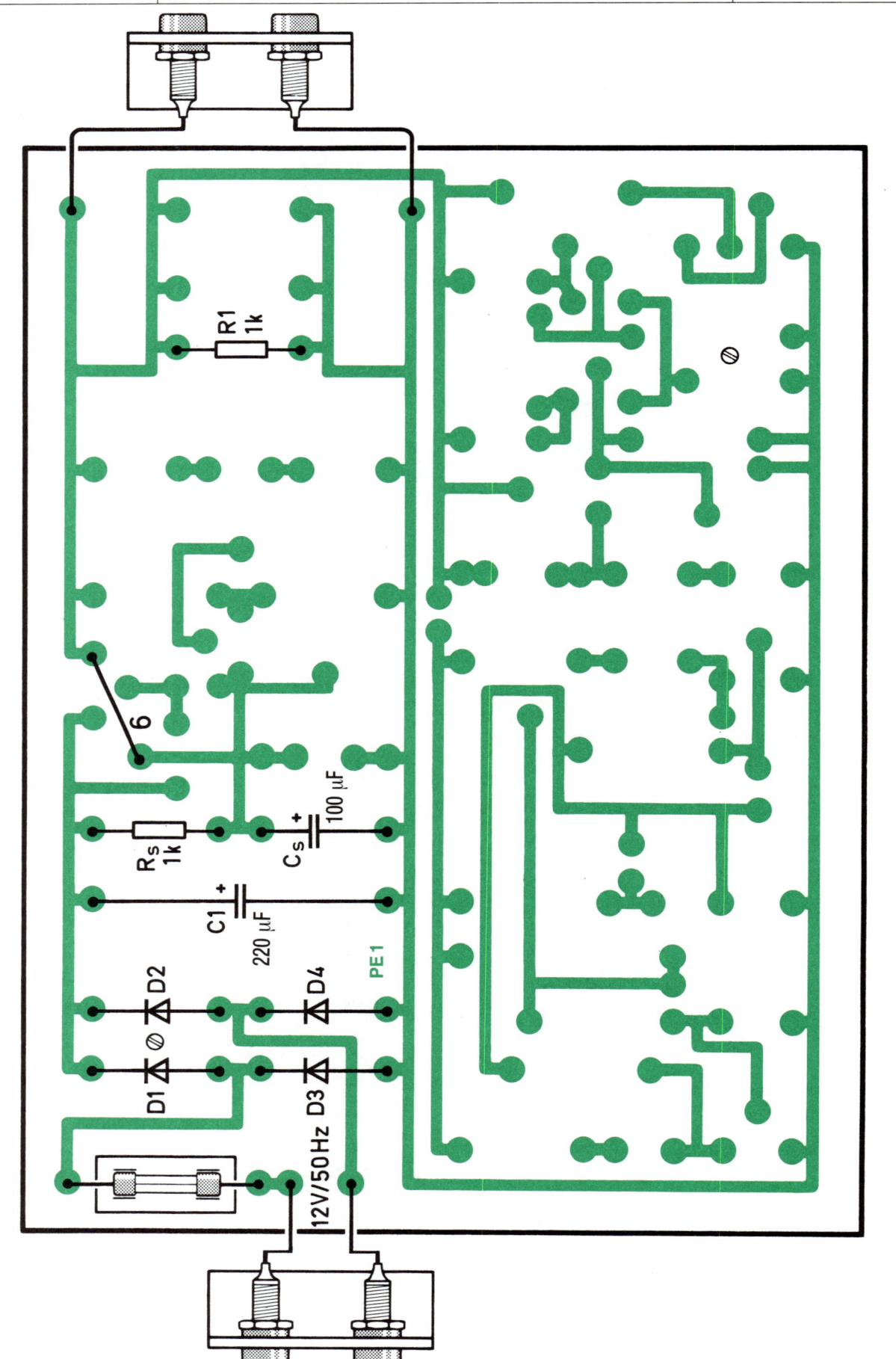

PRAKTISCHE ELEKTRONIK – Teil 1

Siebglied

PE 1 — 2.9

B 1
Brücken 4 und 5 auslöten, Brücke 6 einlöten. Bauteile entsprechend Bauplan 2.8 einlöten.

M 1
An C_S (R1) die Brummspannung mit dem Oszilloskop und die Gleichspannung mit dem Vielfachinstrument messen.

a) $R_1 = 1\ \text{k}\Omega$ b) R_1 abgelötet

$U_{Br\,SS} =$ _____ mV $U_{Br\,SS} =$ _____ mV

$U =$ _____ V $U_0 =$ _____ V

M 2
Spannungen am Ladekondensator C 1 messen.

a) $R_1 = 1\ \text{k}\Omega$ b) R_1 abgelötet

$U_{Br\,SS} =$ _____ mV $U_{Br\,SS} =$ _____ mV

$U =$ _____ V $U_0 =$ _____ V

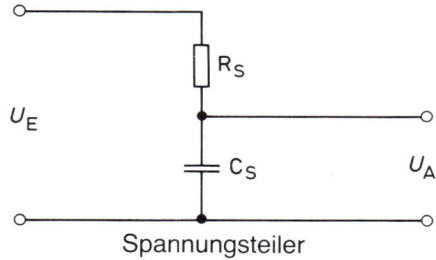

Spannungsteiler

Näherungsformel

Einwegschaltung $f_{Brumm} = 50\ \text{Hz}$,

$$S \approx 0{,}3 \cdot R_S \cdot C_S$$

Brückenschaltung $f_{Brumm} = 100\ \text{Hz}$,

$$S \approx 0{,}6 \cdot R_S \cdot C_S$$

R_S in kΩ
C_S in µF   einsetzen

Kreisfrequenz $\omega = 2\pi f = 6{,}28 \cdot f$

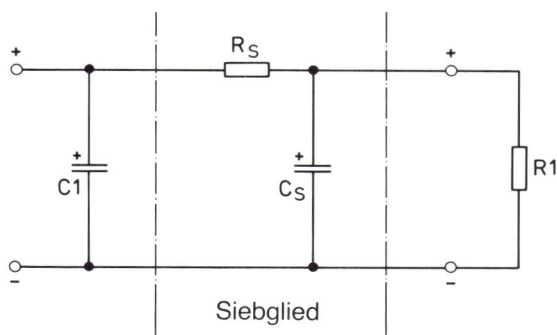

Siebglied

Die Brummspannung läßt sich mit einem nachgeschalteten Siebglied (R_S, C_S) verkleinern.

Steigt der Laststrom, dann steigt auch der Spannungsabfall am Siebwiderstand R_S. Die Glättung mit einem Siebglied ist daher nur für kleine Lastströme geeignet.

Bei $I = 0$ steigt die Spannung an C und damit die Ausgangsspannung auf den Scheitelwert der Wechselspannung an.

Siebfaktor

Der Siebfaktor S ist das Verhältnis der Brummspannung am Eingang zur Brummspannung am Ausgang.

Die Spannungsteilerschaltung gibt:

$$S = \frac{U_E}{U_A} = \frac{R_S + \frac{1}{\omega C_S}}{\frac{1}{\omega C_S}}$$

Da $R_S \gg \dfrac{1}{\omega C_S}$ gilt:

$$S = \frac{R_S}{\frac{1}{\omega C_S}} = \omega \cdot R_S \cdot C_S$$

Je größer R_S und C_S, desto größer ist der Siebfaktor und um so kleiner wird die Brummspannung am Ausgang.

PE 1	PRAKTISCHE ELEKTRONIK – Teil 1	3.1
	Bauplan Z-Diode	

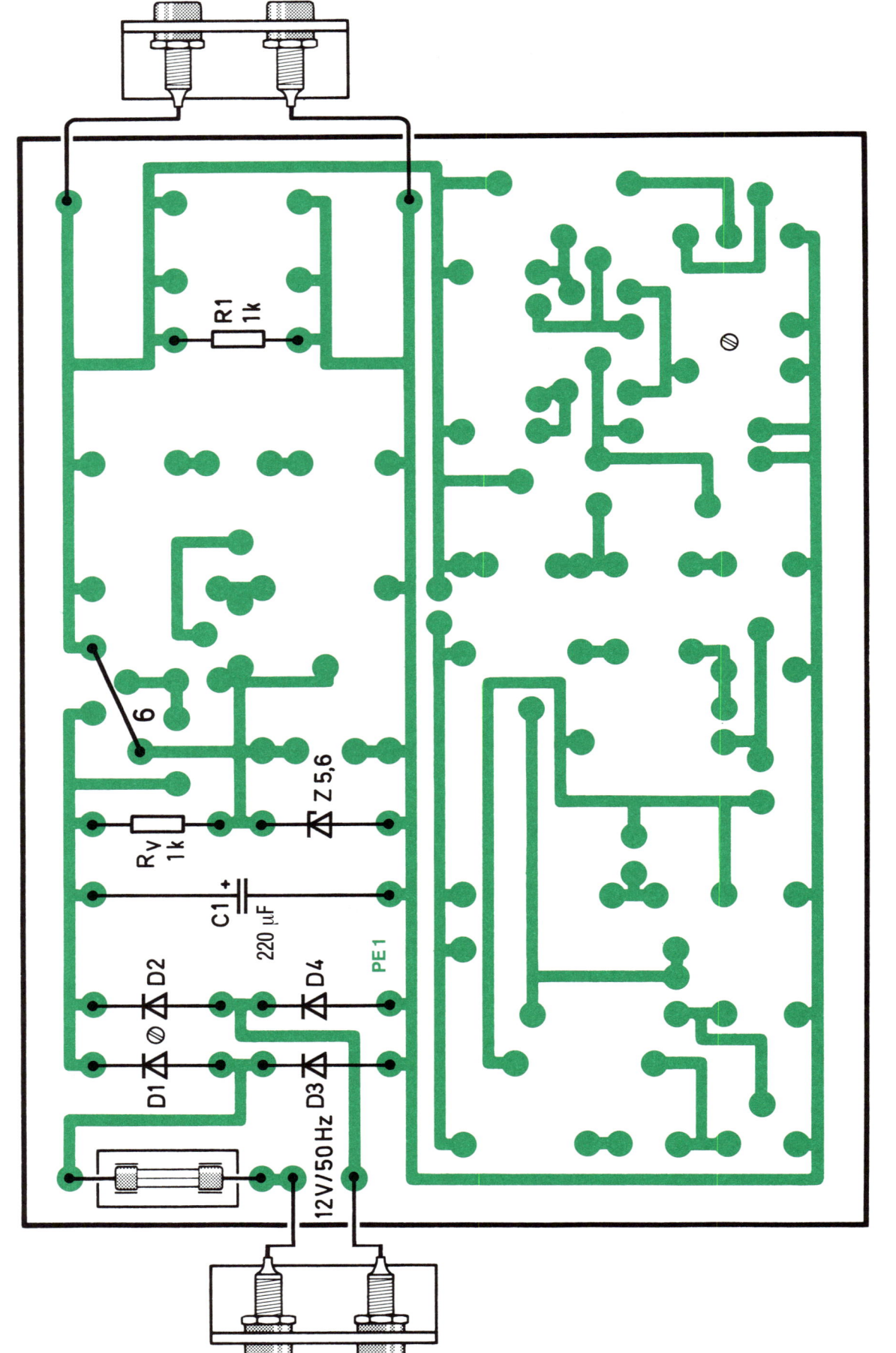

PRAKTISCHE ELEKTRONIK – Teil 1

3.2 Z-Diode (Zener-Diode)

M 1

Z-Diode mit dem Vielfachmeßgerät (Ohmbereich 1 Ω einstellen) überprüfen und Anodenanschluß ermitteln.

$R_D = $ _____ Ω

$R_S = $ _____ Ω

B 1

Siebkondensator C_S gegen Z-Diode (5,6 V) entsprechend Bauplan 3.1 auswechseln. (Anode an Minus)

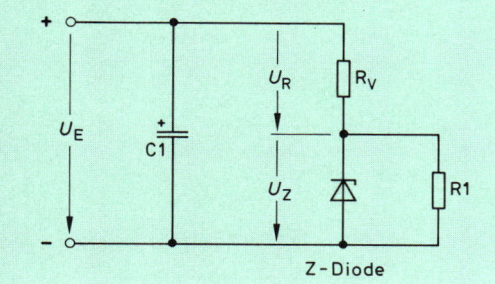

M 2

An C1 die Brummspannung mit dem Oszilloskop und die Gleichspannung mit dem Vielfachinstrument messen.

a) $R_1 = 1$ kΩ
   $U_{Br\,SS} = $ _____ mV
   $U = $ _____ V

b) R_1 abgelötet
   $U_{Br\,SS} = $ _____ mV
   $U_0 = $ _____ V

M 3

Wie **M 2** an der Z-Diode messen.

a) $R_1 = 1$ kΩ
   $U_{Br\,SS} = $ _____ mV
   $U_Z = $ _____ V

b) R_1 abgelötet
   $U_{Br\,SS} = $ _____ mV
   $U_Z = $ _____ V

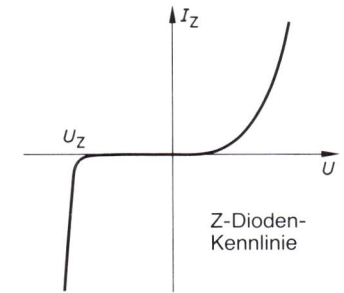

Z-Dioden-Kennlinie

Z-Dioden werden aus Silizium hergestellt und nach der Spannung sortiert angeboten. Z. B. ZF 5,6 von Intermetall. Mit den Z-Dioden können Spannungen bei kleinen Lastströmen stabilisiert (konstant gehalten) werden.

Der Vorteil der Schaltung mit Z-Diode anstelle eines Siebkondensators liegt darin, daß die Ausgangsspannung weitgehend konstant bleibt, wenn sich die Eingangsspannung oder der Lastwiderstand ändern.

Steigt die Eingangsspannung, dann steigt der Z-Diodenstrom. Da sich die Z-Spannung nicht ändert, fällt die überschüssige Spannung am Vorwiderstand R_V ab.

Wird der Lastwiderstand verändert, dann ändert sich der Laststrom. Bleibt jetzt U_E unverändert, dann gleicht die Z-Diode die Änderung des Laststromes aus. Der Strom durch R_V bleibt daher konstant.

Z-Dioden werden in Sperrichtung betrieben. Im Gegensatz zur Diode steigt der Strom bei der Z-Spannung in negativer Richtung steil an. Der Strom muß daher mit einem Widerstand begrenzt werden.

Strombegrenzungswiderstand

$$R_V \approx \frac{U_E - U_Z}{I_Z}$$

I_Z aus Datenblatt des Herstellers oder

$$I_Z = \frac{P_Z}{U_Z}$$

$P_Z = $ Verlustleistung der Z-Diode

Maximaler Laststrom

$$I_{max} = 0{,}9 \cdot I_{Z\,max}$$

In ihrer Wirkung kann die Z-Diode mit einem Siebkondensator verglichen werden. Dabei ist die „Kapazität" der Z-Diode

$$C_Z = \frac{1}{\omega\, r_Z} \qquad r_Z = \frac{U_Z}{I_Z}$$

PE 1	**PRAKTISCHE ELEKTRONIK – Teil 1**	3.3
	Z-Diode (Zener-Diode)	

M 1

Brummspannung am Ladekondensator C 1 mit Oszilloskop messen. Oszilloskop so einstellen, daß einige Perioden abgebildet werden.

Verlauf der Spannung an C 1 in das Raster übertragen.

$U_{Br\,(C_1)}$ = _____ mV

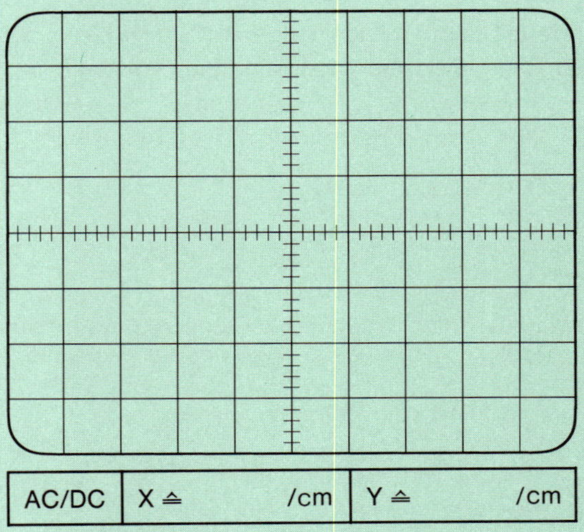

[Oszilloskop-Raster mit Feldern: AC/DC | X ≙ ___ /cm | Y ≙ ___ /cm]

M 2

Brummspannung an Z-Diode mit Oszilloskop messen. Oszilloskop so einstellen, daß wie bei **M 1** einige Perioden abgebildet werden.

Verlauf von U_Z in das Raster übertragen.

$U_{Br\,(Z)}$ = _____ mV

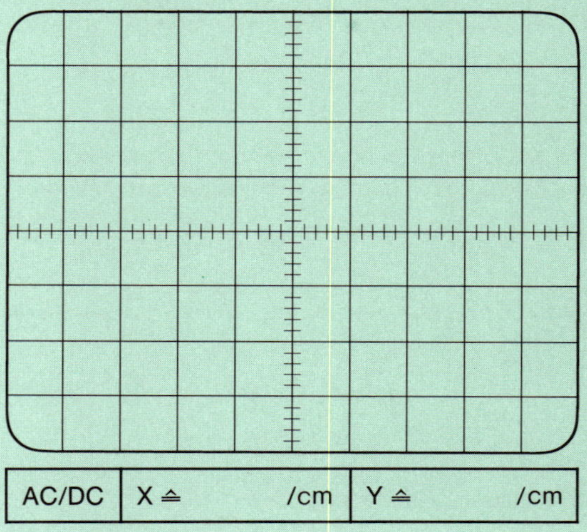

[Oszilloskop-Raster mit Feldern: AC/DC | X ≙ ___ /cm | Y ≙ ___ /cm]

M 3

Aus **M 1** und **M 2** den Siebfaktor S ermitteln.

$$S = \frac{U_{Br\,(C_1)}}{U_{Br\,(Z)}} = \underline{\qquad}$$

S = _____

PE 1	PRAKTISCHE ELEKTRONIK – Teil 1	4.1
	Transistor	

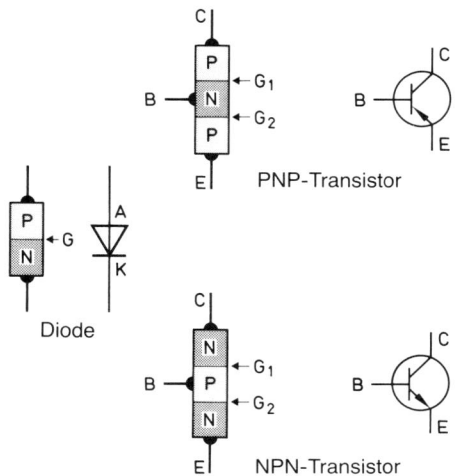

Transistoren sind Halbleiter und werden aus Germanium (Ge) oder Silizium (Si) hergestellt.

Es gibt zwei Transistortypen

    PNP-Typen
    NPN-Typen

Bei PNP-Typen und bei NPN-Typen handelt es sich heute überwiegend um Si-Transistoren.

Die Diode hat **eine** Grenzschicht.

Der Transistor hat **zwei** Grenzschichten.

G_1: Grenzschicht der Kollektor-Basisdiode.

G_2: Grenzschicht der Emitter-Basisdiode.

Komplementäre Transistoren:

PNP- und NPN-Typ haben weitgehend gleiche Daten.

Transistor-Anschlüsse

    C = Kollektor

    B = Basis

    E = Emitter

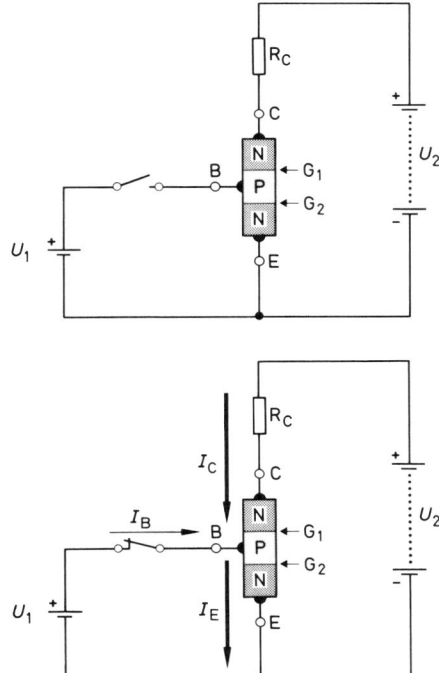

Bei **offenem** Schalter wird mit der Spannung U_2 die Grenzschicht G_1 in Sperr- und die Grenzschicht G_2 in Durchlaßrichtung betrieben. Der Transistor sperrt.

Bei **geschlossenem** Schalter treibt U_1 Steuerstrom durch die Emitter-Basisdiode. Vom Emitter aus wird die schmale Basiszone mit Ladungsträgern, die nicht alle über die Basis abfließen können, überschwemmt. Die überschüssigen Ladungsträger werden daher von U_2 durch die in Sperrichtung betriebene Grenzschicht G_1 abgesaugt. Der Transistor leitet. R_C begrenzt den Kollektorstrom I_C.

$I_E = I_B + I_C$

I_B ist im allgemeinen sehr viel kleiner als I_C. Daher

$$I_E \approx I_C$$

Obwohl I_B sehr klein ist, etwa 1...5% von $I_C = B \cdot I_B$ (B = Stromverstärkungsfaktor), kann mit dem kleinen Steuerstrom I_B der erheblich größere Kollektorstrom I_C gesteuert werden. Der Transistor verstärkt. Zwischen dem Kollektor des Transistors und dem Pluspol kann eine von I_C abhängige Spannung abgegriffen werden. (Steigt I_C, dann steigt auch der Spannungsabfall an R_C, und die Kollektorspannung sinkt!)

PE 1	**PRAKTISCHE ELEKTRONIK – Teil 1**	4.2
	Bauplan Transistor als verstellbarer Widerstand	

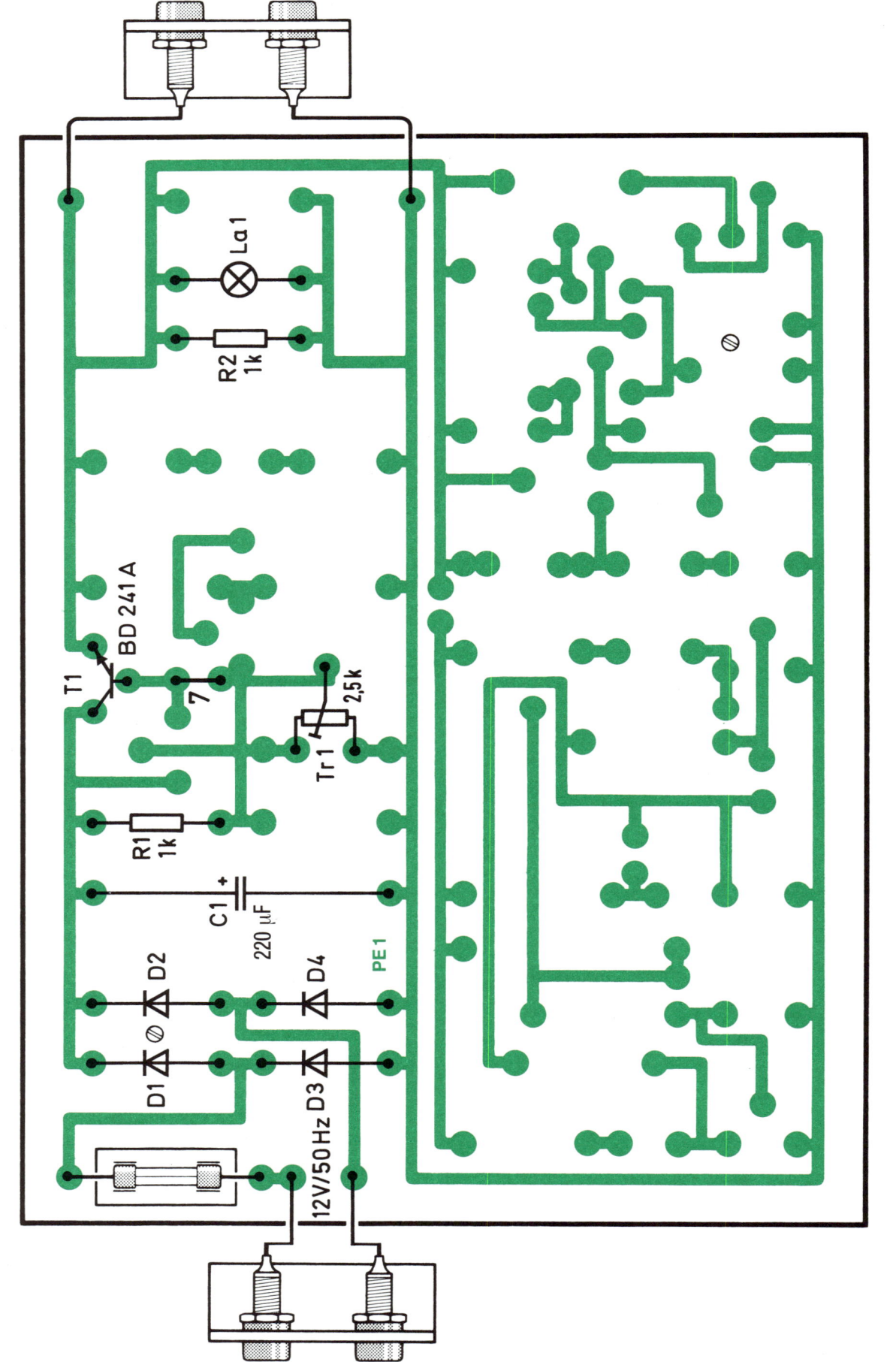

PE 1	PRAKTISCHE ELEKTRONIK – Teil 1	4.3
	Transistor als verstellbarer Widerstand	

M 1

Leistungstransistor BD 241 A bzw. Ersatztype mit dem Vielfachmeßgerät (Ohmbereich 1 Ω einstellen) überprüfen und Anschlüsse C, B, E ermitteln. (C+ bedeutet: Pluspol der Batterie an Kollektor.)

		aus Tab.	Meßwert
1.	C+ B−	∞	
2.	C+ E−	∞	
3.	C− E+	∞	
4.	C− B+	< 200 Ω	
5.	B− E+	∞	
6.	B+ E−	< 200 Ω	

Nach diesen Messungen sind die Anschlüsse des Transistors bekannt.

B 1

Bauteile nach Bauplan 4.2 einlöten.

M 2

Ausgangsspannung U und Brummspannung $U_{Br\,SS}$ messen.

a) Lastwiderstand $R_2 = 1\,k\Omega$,

$U = 8\,V$ mit Tr 1

einstellen.

$U = 8\,V$ $U_{Br\,SS} = $ _____ V

b) Lämpchen 12 V/0,1 A eindrehen

$U = $ _____ V $U_{Br\,SS} = $ _____ V

M 3

Bei eingedrehtem Lämpchen Trimmer so verstellen, daß die Ausgangsspannung wieder den unter **M 2a)** eingestellten Wert erreicht.

$U = 8\,V$ $U_{Br\,SS} = $ _____ V

B 2

$C_1 = 220\,\mu F$ auslöten und dafür $C_1 = 1000\,\mu F$ einlöten.

Durch 6 Messungen mit einem Ohmmeter (Bereich 1 Ω) lassen sich Transistoren nach folgendem Schema überschlägig überprüfen.

		PNP-Typ (z. B. Ge)	NPN-Typ (z. B. Si)
1.	B− E+	< 250 Ω	∞
2.	B− C+	< 250 Ω	∞
3.	B− E−	∞	< 200 Ω
4.	B− C−	∞	< 200 Ω
5.	C− E+	> 5 kΩ	∞
6.	C+ E−	∞	∞

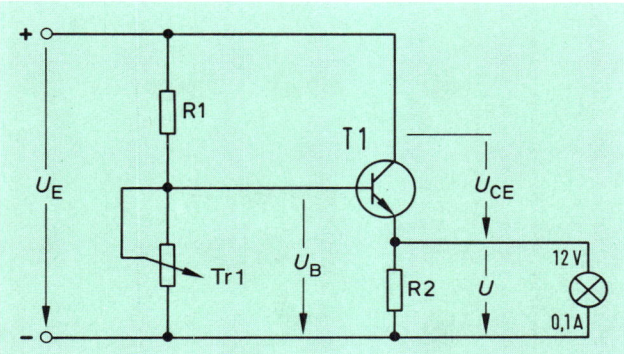

Wird die Basis des Leistungstransistors an einen Spannungsteiler angeschlossen, dann kann mit Tr 1 die Basisspannung U_B und damit die Ausgangsspannung U verändert werden. U_B ist praktisch gleich U, weil sich U_{BE} (ca. 0,7 V bei Si-Transistoren) nur wenig mit dem Laststrom ändert. Die Schaltung wird Kollektorschaltung oder Emitterfolger genannt.

Ändert sich der Verbraucherstrom oder die Eingangsspannung U_E, dann ändert sich U. Mit Tr 1 kann dann U wieder auf den ursprünglichen Wert nachgestellt werden. **Der Transistor arbeitet als verstellbarer Widerstand.**

M 4

Messung **M 2** wiederholen und vergleichen

a) $U = 8\,V$ $U_{Br\,SS} = $ _____ V

b) $U = $ _____ V $U_{Br\,SS} = $ _____ V

M 5

Messung **M 3** wiederholen und vergleichen. $U = 8\,V$ einstellen

$U_{Br\,SS} = $ _____ V

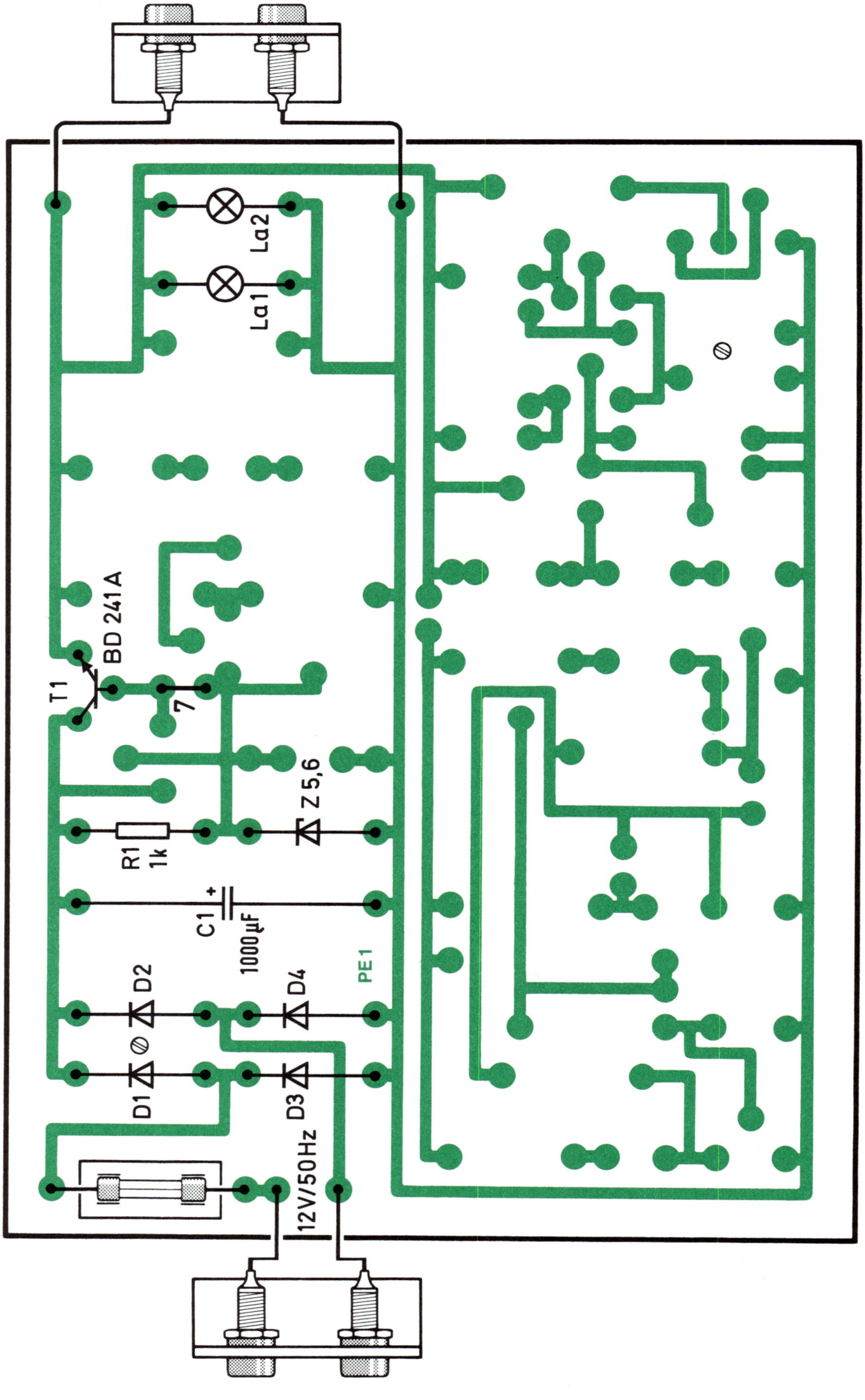

PE 1	PRAKTISCHE ELEKTRONIK – Teil 1	4.4
	Bauplan Stabilisiertes Netzgerät	

PE 1	PRAKTISCHE ELEKTRONIK – Teil 1	4.5
	Stabilisiertes Netzgerät	

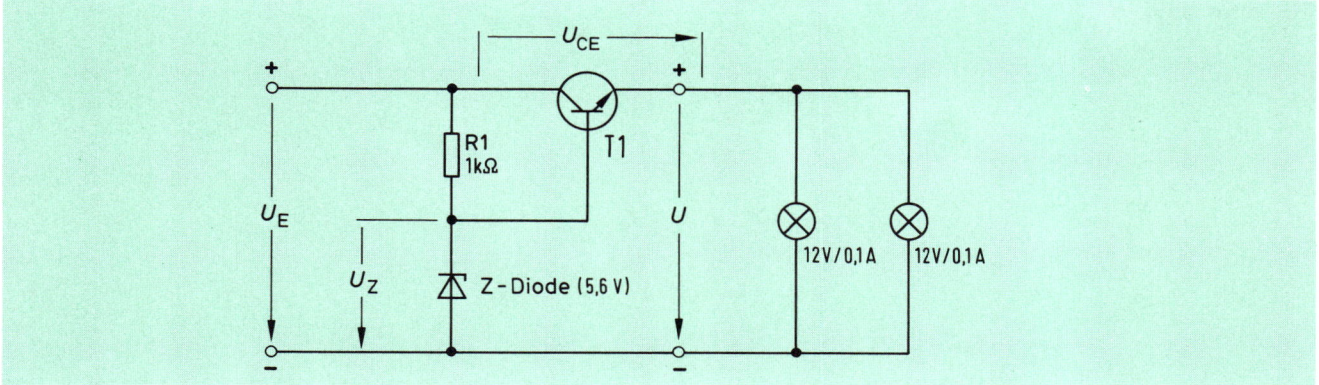

B
Tr 1 und R 2 auslöten.
Bauteile entsprechend Bauplan 4.4 einlöten.

M
Spannungen messen

a) $I = 0$

    Eingang $U =$ _____ V $U_{BrSS} =$ _____ V

    Ausgang $U =$ _____ V $U_{BrSS} =$ _____ V

    Z-Diode $U =$ _____ V $U_{BrSS} =$ _____ V

b) Lämpchen 12 V/0,1 A eindrehen

    Eingang $U =$ _____ V $U_{BrSS} =$ _____ V

    Ausgang $U =$ _____ V $U_{BrSS} =$ _____ V

    Z-Diode $U =$ _____ V $U_{BrSS} =$ _____ V

c) 2 Lämpchen 12 V/0,1 A eindrehen

    Eingang $U =$ _____ V $U_{BrSS} =$ _____ V

    Ausgang $U =$ _____ V $U_{BrSS} =$ _____ V

    Z-Diode $U =$ _____ V $U_{BrSS} =$ _____ V

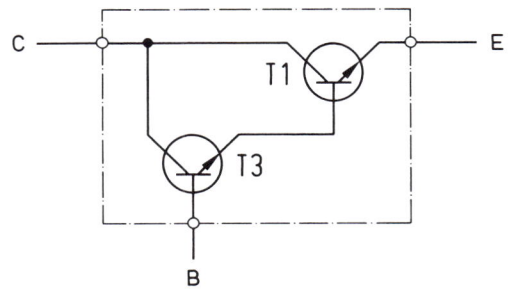

Wird der Spannungsteiler mit einem Widerstand und einer Z-Diode aufgebaut, dann hält die Z-Diode die Spannung an der Basis und damit auch die Ausgangsspannung U konstant.

Die Z-Spannung ändert sich nicht, da die Schaltung ja so ausgelegt wurde. Parallel zur Z-Diode liegt die Reihenschaltung von Emitter-Basisdiode und Lastwiderstand (Glühlämpchen). Da sich der Spannungsabfall an der Emitter-Basisdiode (ca. 0,7 V bei Si-Transistoren) praktisch nicht ändert, muß auch die Ausgangsspannung U konstant bleiben.

Ändert sich die Eingangsspannung U_E, dann stellt sich U_{CE} so ein, daß

$$U = U_E - U_{CE} \text{ konstant bleibt.}$$

Der Transistor arbeitet auch hier als verstellbarer Widerstand.

Kaskadenschaltung

Mit I steigt I_B. Wird I_B größer als $0{,}9 \cdot I_{2\,max}$, dann sinken die Z-Spannung und die Ausgangsspannung ab. Die Schaltung kann den höheren Ausgangsstrom nicht mehr stabilisieren. (Bei Leistungstransistoren ist oft der Stromverstärkungsfaktor $B < 20$.) Dann muß der Transistor T3 so vorgeschaltet werden, daß der Emitterstrom von T3 gleich dem Basisstrom von T1 wird. Diese „Kaskade" von T1 und T3 kann man als einen Transistor auffassen, der die Gesamtstromverstärkung hat

$$B_{ges} \approx B_{T1} \cdot B_{T3}$$

PE 1	PRAKTISCHE ELEKTRONIK – Teil 1	4.6
	Geregeltes Netzgerät	

Raum für Notizen

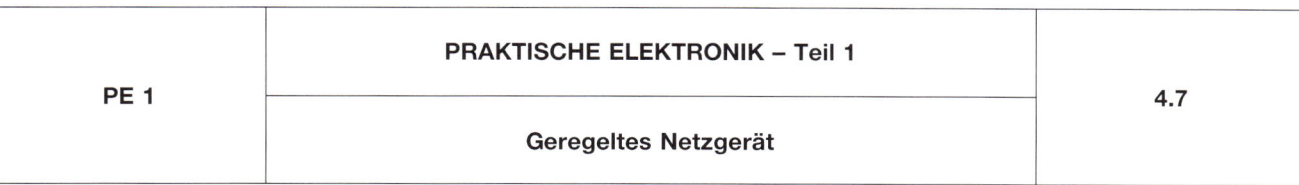

Geregeltes Netzgerät

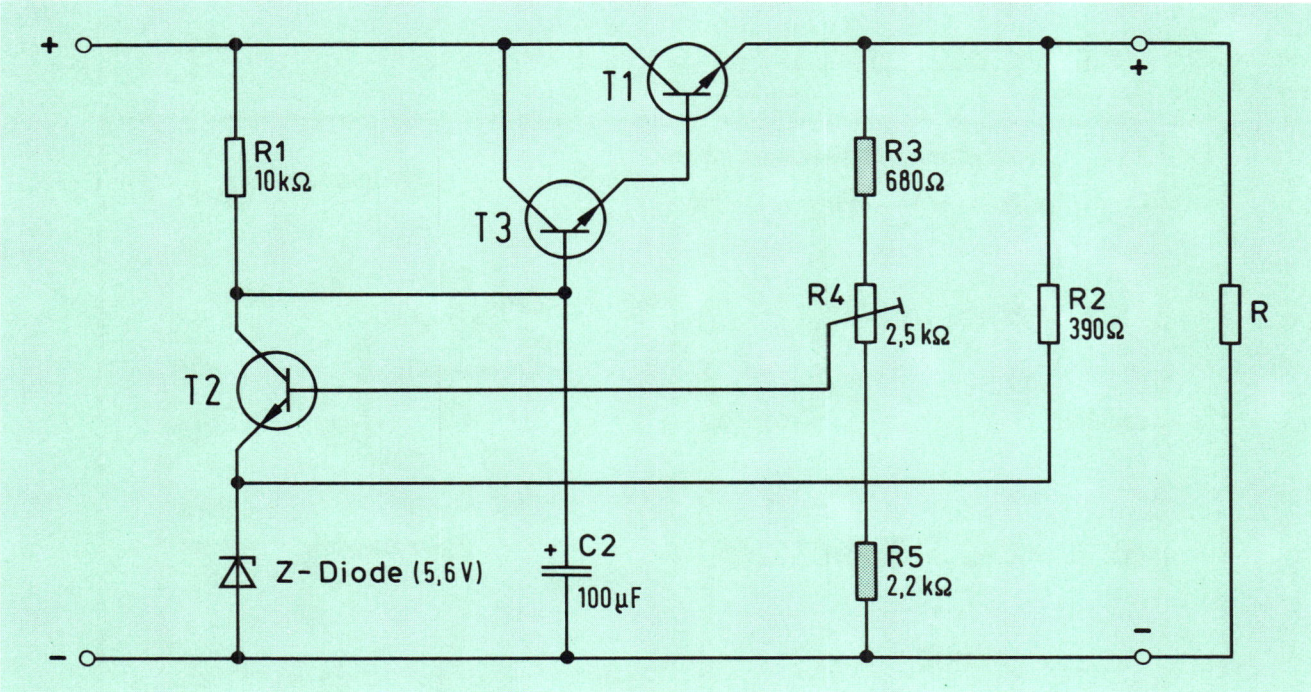

Einstellung der Ausgangsspannung

Werden bei den stabilisierten Netzgeräten andere Ausgangsspannungen gewünscht, dann muß jeweils die Z-Diode ausgetauscht werden. Bei der vorliegenden Schaltung des geregelten Netzgerätes läßt sich jedoch die Ausgangsspannung von +6 V bis +12 V einstellen. Dabei darf $I_{max} = 300$ mA nicht überschritten werden.

Die Ausgangsspannung hängt von der Spannung U_C am Kollektor des Regeltransistors T2 ab.

$$U_{Ausgang} = U_C(T2) - U_{BE}(T3) - U_{BE}(T1)$$

Die Spannung $U_C(T2)$ setzt sich zusammen aus der Spannung $U_{CE}(T2)$ plus der Z-Diodenspannung U_Z.

Die Spannung $U_C(T2)$, und damit die Ausgangsspannung, kann mit dem Potentiometer $R_4 = 2,5$ kΩ eingestellt werden. Wird mit dem Poti die Spannung an der Basis positiver gemacht, dann steigt $I_C(T2)$. Dieser größere Strom ruft einen höheren Spannungsabfall am Widerstand $R_1 = 10$ kΩ hervor. $U_C(T2)$ und damit die Ausgangsspannung sinken ab. Wird die Spannung an der Basis von T2 in Richtung negativer Werte verschoben, dann steigt als Folge die Ausgangsspannung an. Die beiden am Poti angeschlossenen Spannungsteiler-Widerstände $R_3 = 680$ kΩ und $R_5 = 2,2$ kΩ begrenzen den einstellbaren Bereich auf +6 V bis +12 V.

Regelung der Ausgangsspannung

Über den Transistor T2 läßt sich einerseits die Ausgangsspannung fest einstellen, andererseits regelt T2 jede Schwankung der fest eingestellten Ausgangsspannung infolge Laständerung oder Schwankung der Eingangsspannung aus. Die Ausgangsspannung will ansteigen, wenn der Laststrom sinkt oder die Eingangsspannung größer wird. Die Basisspannung von T2 wird dann positiver. $I_C(T2)$ steigt an und $U_C(T2)$ sinkt. Hierdurch wird die Ausgangsspannung auf den vorher fest eingestellten Wert heruntergeregelt. Will die Ausgangsspannung absinken, wenn der Laststrom steigt oder die Eingangsspannung kleiner wird, dann wird gleichfalls über den Regelkreis die Ausgangsspannung auf den vorher fest eingestellten Wert heraufgeregelt.

Hinweis:

Durch die Toleranzen der Bauelemente kann sich der einstellbare Bereich der Ausgangsspannung etwas verschieben. Läßt sich eine maximale Ausgangsspannung größer als +12,5 V einstellen, so muß der untere Spannungsteilerwiderstand $R_5 = 2,2$ kΩ vergrößert werden. Läßt sich die minimale Ausgangsspannung von +6 V nicht erreichen, so muß der Widerstand $R_3 = 680$ Ω verkleinert bzw. überbrückt werden.

PE 1	PRAKTISCHE ELEKTRONIK – Teil 1	4.8
	Bauplan Geregeltes Netzgerät	

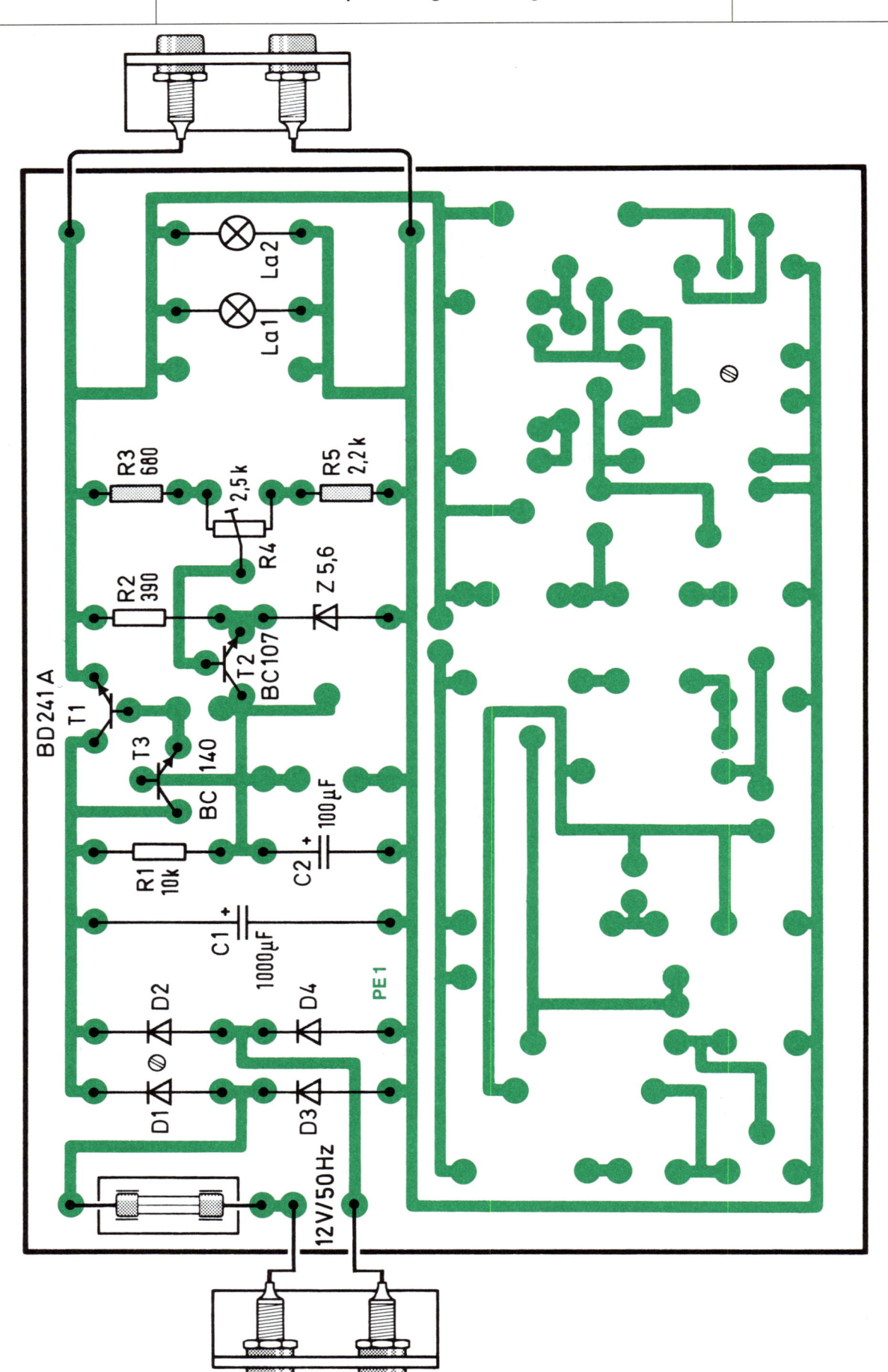

PE 1	**PRAKTISCHE ELEKTRONIK – Teil 1**	4.9
	Geregeltes Netzgerät	

M 1

Anschlüsse C, B, E der Transistoren BC 140 und BC 107 (bzw. der Ersatztypen) ermitteln und die Transistoren mit dem Vielfachmeßgerät (Ohmbereich 1 Ω einstellen) nach folgendem Schema überprüfen.

a) BC 140 (oder Ersatztype)

1. C+ B− R = _____ Ω
2. C+ E− R = _____ Ω
3. C− E+ R = _____ Ω
4. C− B+ R = _____ Ω
5. B− E+ R = _____ Ω
6. B+ E− R = _____ Ω

b) BC 107 (oder Ersatztype)

1. C+ B− R = _____ Ω
2. C+ E− R = _____ Ω
3. C− E+ R = _____ Ω
4. C− B+ R = _____ Ω
5. B− E+ R = _____ Ω
6. B+ E− R = _____ Ω

B

Brücke 7, R1 und Z-Diode auslöten. Bauteile entsprechend Bauplan 4.8 einlöten.

M 2

Spannungen am Ausgang, am Ladekondensator und an der Z-Diode messen.

Leerlaufspannung U_0 = 6 V einstellen

a) $I = 0$

Ausgang U_0 = _____ V
Ausgang $U_{Br\,SS}$ = _____ mV
Ladekondensator U_0 = _____ V
Ladekondensator $U_{Br\,SS}$ = _____ mV
Z-Diode U = _____ V

b) $I = 100$ mA (2 Lämpchen 12 V/0,1 A)

Ausgang U = _____ V
Ausgang $U_{Br\,SS}$ = _____ mV
Ladekondensator U = _____ V
Ladekondensator $U_{Br\,SS}$ = _____ mV
Z-Diode U = _____ V

Leerlaufspannung U_0 = 12 V einstellen

a) $I = 0$

Ausgang U_0 = _____ V
Ausgang $U_{Br\,SS}$ = _____ mV
Ladekondensator U = _____ V
Ladekondensator $U_{Br\,SS}$ = _____ mV
Z-Diode U = _____ V

b) $I = 100$ mA (1 Lämpchen 12 V/0,1 A)

Ausgang U = _____ V
Ausgang $U_{Br\,SS}$ = _____ mV
Ladekondensator U = _____ V
Ladekondensator $U_{Br\,SS}$ = _____ mV
Z-Diode U = _____ V

Meßergebnisse unter a) jeweils mit den Meßergebnissen unter b) vergleichen.

Berechnung des Innenwiderstandes R_i

R_i bei $U = 6$ V

$$R_i = \frac{\triangle U}{\triangle I} = \frac{U_0 - U}{I - I_0}; \text{ da } I_0 = 0$$

$$R_i = \frac{U_0 - U}{I} = \underline{\qquad}$$

$R_i = \underline{\qquad}$ Ω

R_i bei $U = 12$ V

$$R_i = \frac{\triangle U}{\triangle I} = \frac{U_0 - U}{I - I_0}; \text{ da } I_0 = 0$$

$$R_i = \frac{U_0 - U}{I} = \underline{\qquad}$$

$R_i = \underline{\qquad}$ Ω

Hinweis:

Der Kondensator am Kollektor des Regeltransistors T2 verringert die Brummspannung am Kollektor von T2 und damit am Ausgang. Gleichzeitig verhindert er, daß der Regelkreis frei schwingt.

Der Z-Dioden-Vorwiderstand $R_2 = 390$ Ω liegt nicht an der welligen Eingangsspannung, sondern an der geglätteten Ausgangsspannung.

PE 1	PRAKTISCHE ELEKTRONIK – Teil 1	5.1
	Bauplan Transistor als Schalter	

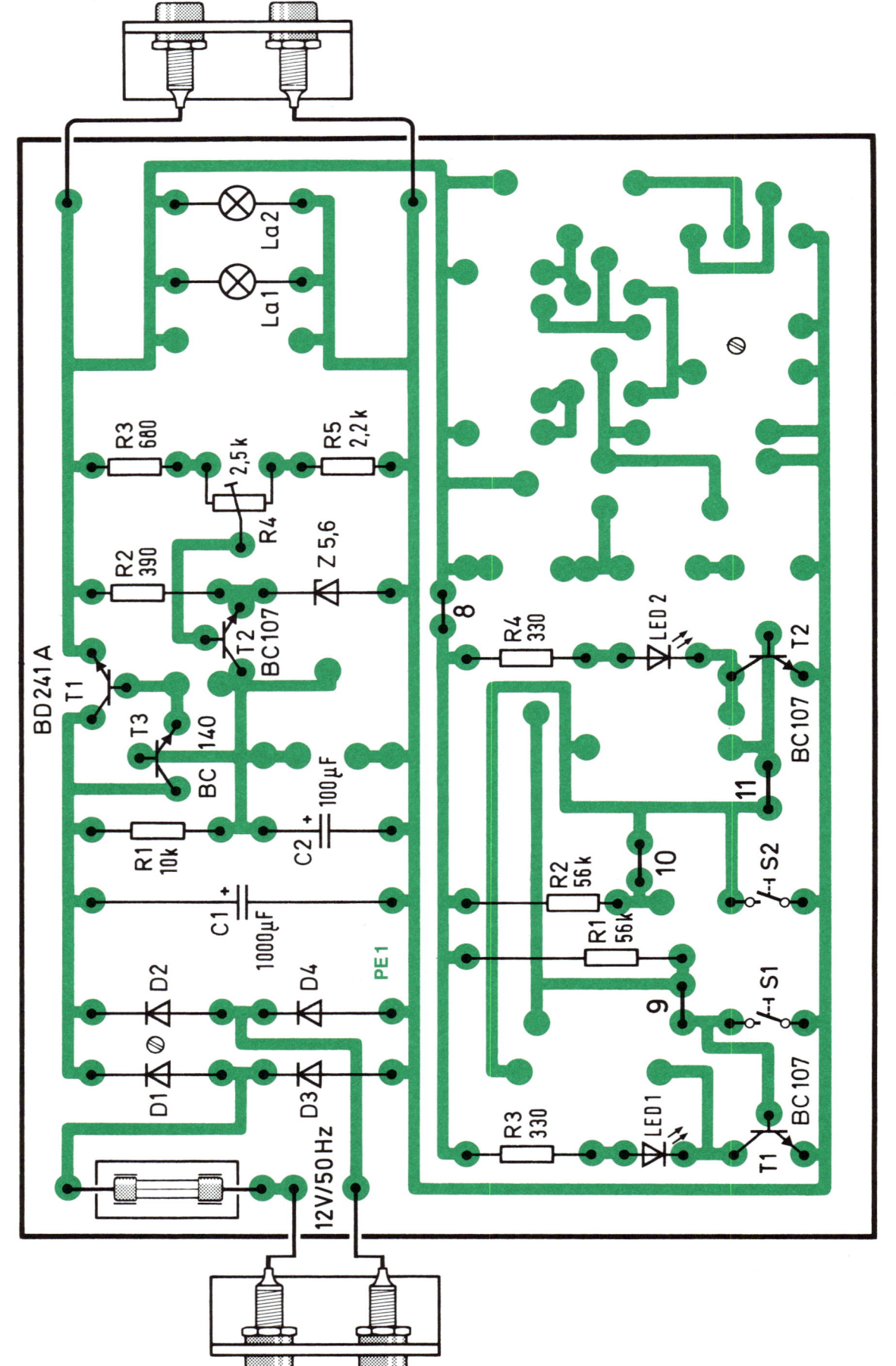

PE 1	PRAKTISCHE ELEKTRONIK – Teil 1	5.2
	Transistor als Schalter	

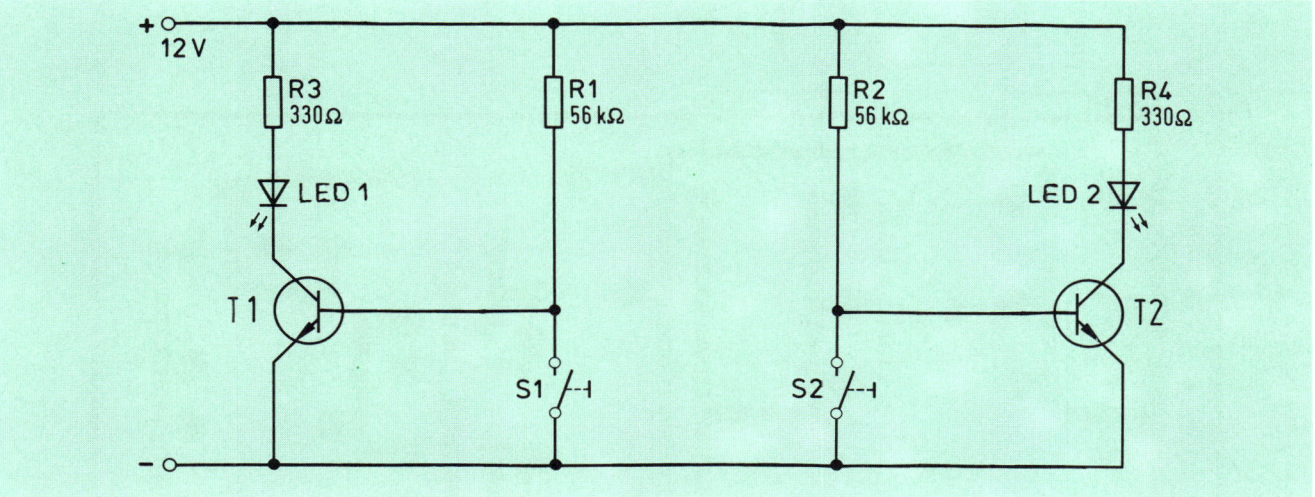

B 1

Bauteile und Brücken 8, 9, 10 und 11 entsprechend Bauplan 5.1 einlöten.

M

Mit Vielfachinstrument an einem Schalter messen:
Beide Taster offen.

U_{CE} = _____ V

I_B = _____ mA

I_C = _____ mA

Berechnung der Kollektorwiderstände R3 und R4.

Daten der LED:

$U_D \approx 1{,}7$ V bei $I_F = 30$ mA

BC 107 B:

$U_{CE} = 0{,}3$ V bei $I_C = 30$ mA

Spannung über R3:

$U_3 = U_{Batt} - U_{CE} - U_D = 10$ V

$R_3 = R_4 = \dfrac{U_3}{I_C} = 333\ \Omega$

Gewählt wird der Normwert 330 Ω.

Berechnung der Basiswiderstände R1 und R2. Transistordaten des BC 107 B:

$I_C = 100$ mA, $B \approx 150$

$U_{BE} = 0{,}6$ V bei $I_C = 30$ mA

$I_B = \dfrac{I_C}{B} = \dfrac{30\ \text{mA}}{150} = 200\ \mu\text{A}$

$R_1 = R_2 = \dfrac{U_{Batt} - U_{BE}}{I_B} = \dfrac{12\ \text{V} - 0{,}6\ \text{V}}{0{,}2\ \text{mA}}$

$R_1 = R_2 = 57\ \text{k}\Omega$

Gewählt wird der Normwert 56 kΩ.

Lumineszenzdioden

Lumineszenzdioden (LED) sind Halbleiterdioden, die elektromagnetische Strahlung in Form von sichtbarem Licht aussenden, wenn man sie in Durchlaßrichtung betreibt.

LED besitzen u. a. folgende Vorteile:

– große Lebensdauer
– sie sind stoß- und vibrationsfest
– kleine montagefreundliche Bauformen

Lumineszenzdioden in den Farben Rot, Gelb und Grün, erhältlich in vielen Größen und Formen, ersetzen in immer stärkerem Maße herkömmliche Anzeigen.

Emitterschaltung

Der Emitter ist gemeinsamer Anschlußpunkt für Eingang (Basis-Emitter) und Ausgang (Kollektor-Emitter). Hier wird der Ausgangskreis über die LED, deren Vorwiderstand und den niederohmigen Innenwiderstand des Netzgerätes angeschlossen.

Ist der Taster offen, dann fließt über $R = 56$ kΩ Strom durch die Emitter-Basis-Diode. Der Transistor leitet und die LED leuchtet. Wird die Emitter-Basis-Diode mit dem Taster kurzgeschlossen, dann kann kein Basisstrom fließen und der Transistor sperrt.

PE 1	PRAKTISCHE ELEKTRONIK – Teil 1	5.3
	Bauplan Bistabile Kippstufe	

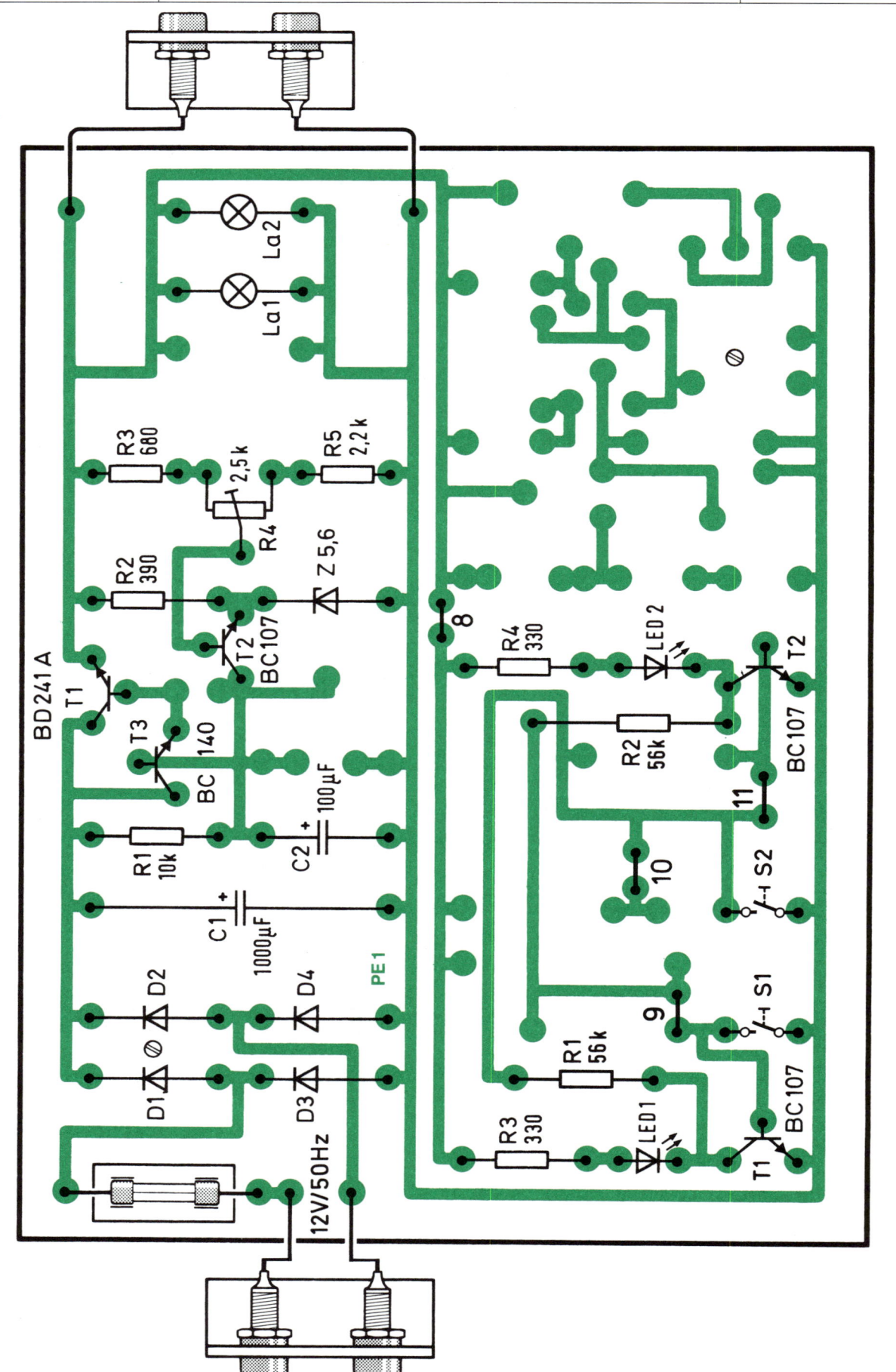

34

PE 1	PRAKTISCHE ELEKTRONIK – Teil 1	5.4
	Bistabile Kippstufe	

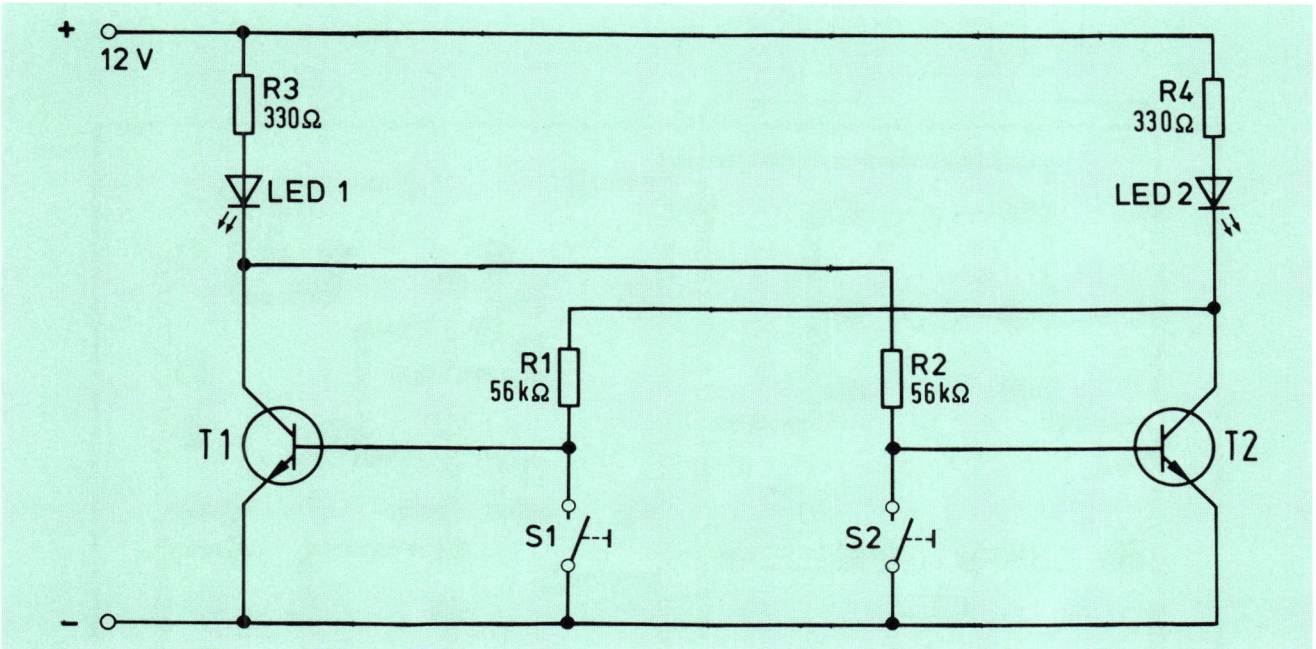

B

R1 und R2 entsprechend Bauplan 5.3 umlöten.

Der Transistor-Doppelschalter läßt sich sehr leicht in eine Bistabile Kippstufe umwandeln, indem die beiden Basiswiderstände $R_1 = R_2 = 56$ kΩ nicht an der Plusleitung, sondern am Kollektor des anderen Transistors angeschlossen werden. Die beiden Transistoren können dann nicht mehr unabhängig voneinander geschaltet werden. Wenn jetzt ein Transistor leitet, dann ist der andere zwangsläufig gesperrt.

Die Schaltung hat zwei stabile Zustände. Die Schaltzustände beider Transistoren hängen wechselseitig voneinander ab und können entweder im Zustand „Ein" oder „Aus" verharren (Speicherfunktion). Man nennt die Schaltung daher **Bistabile Kippstufe** (bi = zwei). Sie wird häufig auch „Bistabiler Multivibrator" oder „Flip-Flop" genannt.

Werden beide Taster gleichzeitig gedrückt, dann sperren beide Transistoren und das bistabile Verhalten der Schaltung wird aufgehoben.

Durch die Ankopplung des Basiswiderstandes am Kollektor des anderen Transistors kann bei durchgesteuertem Transistor T1 (LED 1 leuchtet) kein Basisstrom für T2 fließen, da das Kollektorpotential statt +12 V etwa +0,2 V beträgt. Wird jetzt über den Taster S1 die Basis von T1 gegen Minus geschaltet, dann sperrt T1 und das Potential am Kollektor von T1 springt auf +12 V. Die Basis von T2 wird angesteuert, T2 schaltet durch und die LED leuchtet. Wird jetzt S1 geöffnet, dann bleibt T1 gesperrt, weil die Spannung am Kollektor von T2 nicht ausreicht, um T1 durchzusteuern.

Die Bistabile Kippstufe ist eine wichtige Schaltung der Elektronik. Mit ihr können aufgebaut werden:

a) Speicher (Gedächtnisfunktion) in Rechenmaschinen und Steuerungen;

b) Frequenzteiler;

c) Vor- und Rückwärtszähler;

d) Schrittschaltwerke (Ringzähler);

e) Schieberegister.

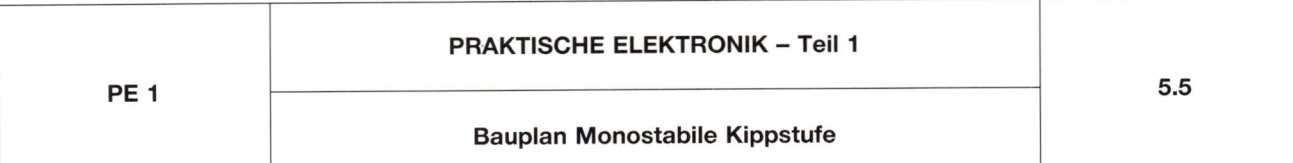

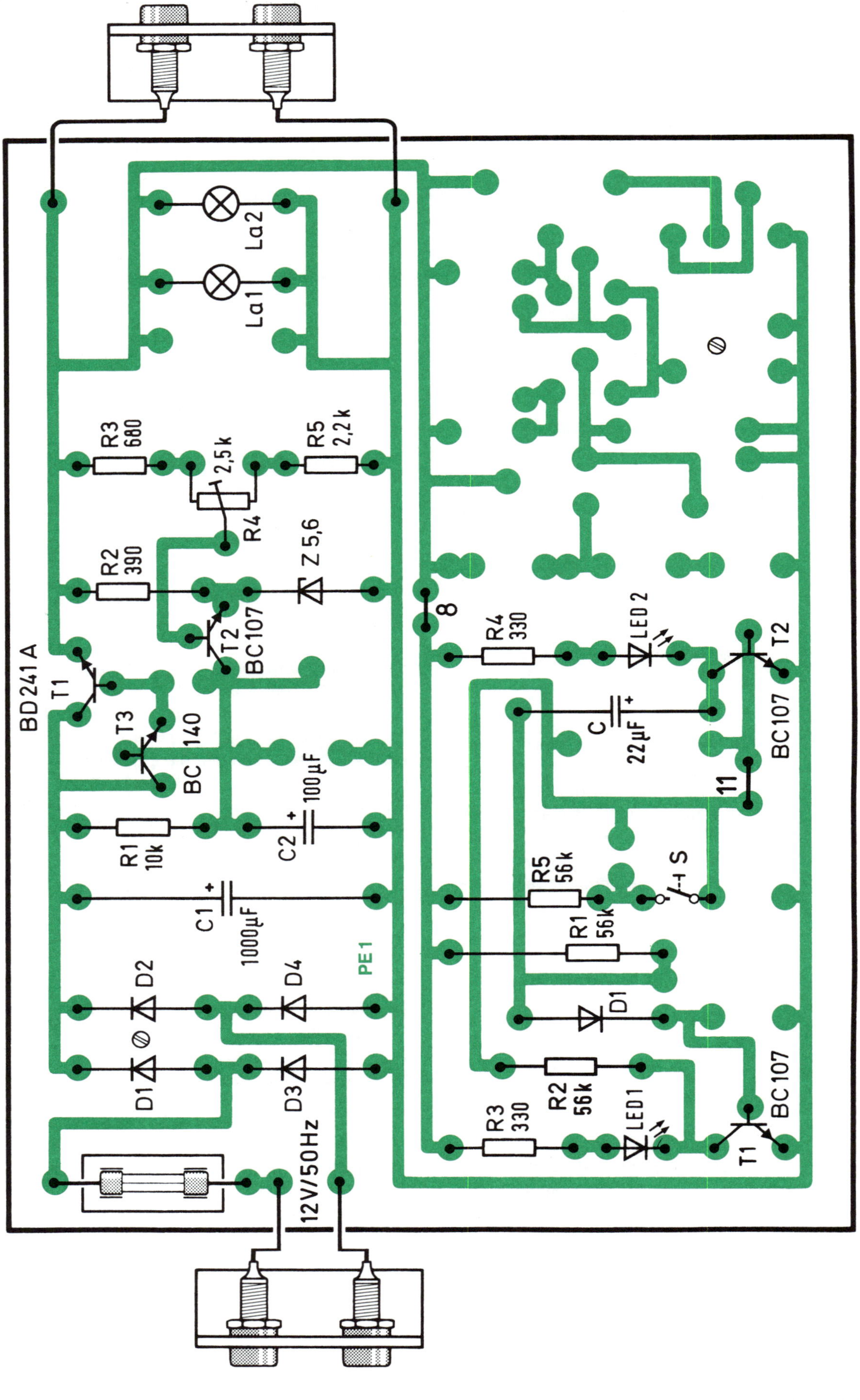

PE 1	PRAKTISCHE ELEKTRONIK – Teil 1	5.6
	Monostabile Kippstufe	

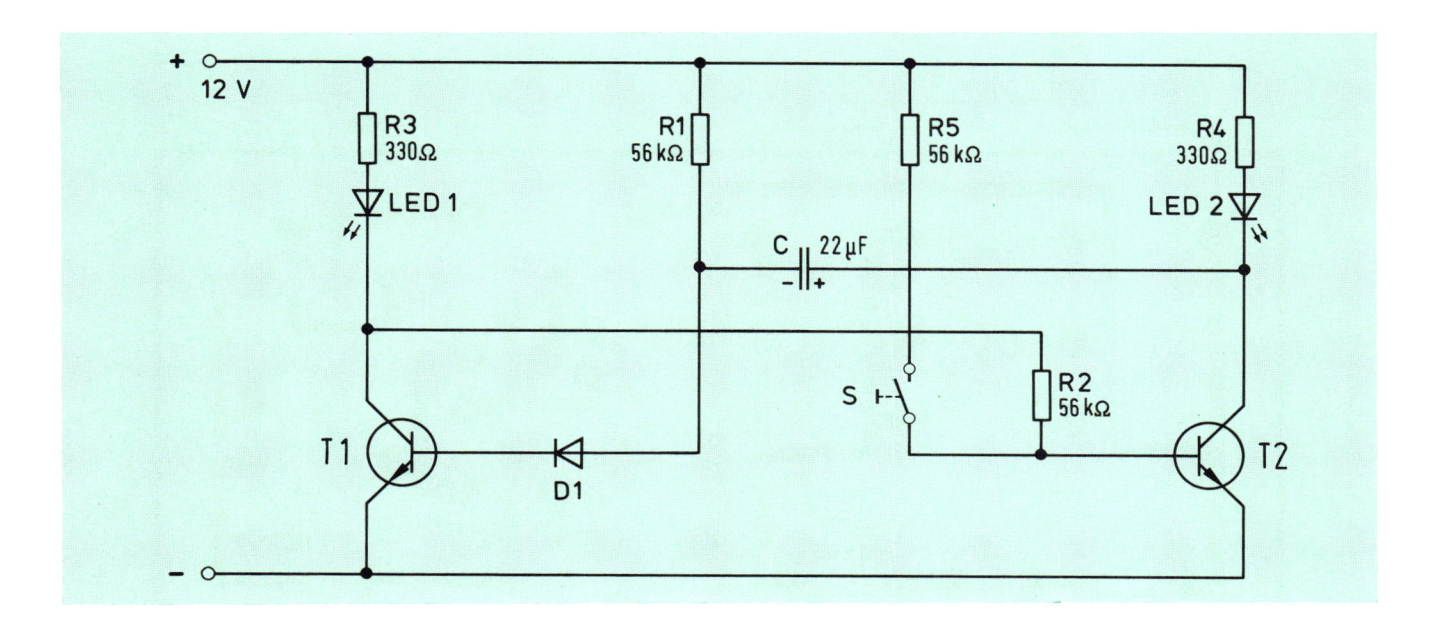

B 1
Brücken 9 und 10 auslöten. Bauteile entsprechend Bauplan 5.5 ein-, um- oder auslöten.

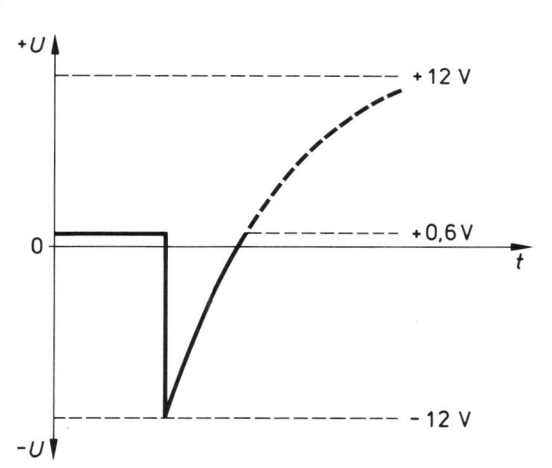

B 2
$C = 22\,\mu F$ auslöten und $C = 10\,\mu F$ einlöten.

M 1
Taster S drücken und Spannungsverlauf an der Anode von D 1 mit Oszilloskop ermitteln.

M 2
Taster S drücken und die Laufzeit ermitteln bei $C = 22\,\mu F$;

$T = \underline{\qquad}$ ms

M 3
Wie **M 2** bei $C = 10\,\mu F$;

$T = \underline{\qquad}$ ms

Im Ruhezustand leitet Transistor T1 und die LED 1 leuchtet. Der Kondensator C ist – wie im Bild eingezeichnet – aufgeladen. Wird jetzt die Basis von T2 kurzzeitig über $R_5 = 56\,k\Omega$ an +12 V geschaltet (Taster S drücken), dann leitet T2. Die Spannung am Kollektor von T2 springt von +12 V gegen 0 V. Dieser negative Spannungssprung wird über C und D1 auf die Basis von T1 übertragen. T1 sperrt sofort. Über R1 wird jetzt C umgeladen. Ist die Spannung an der Basis wieder auf etwa +600 mV angestiegen, dann beginnt T1 zu leiten. Seine Kollektorspannung springt von +12 V gegen 0 V und T2 wird sofort gesperrt. Der Basiswiderstand R2 wird auch Rückkopplungswiderstand genannt, weil er die Spannung am Kollektor von T1 auf die Basis von T2 zurückkoppelt.

Die Diode D 1 schützt den Transistor T 1 vor einer zu großen negativen Basis-Emitterspannung.

Die Monostabile Kippstufe wird als Zeitglied eingesetzt.

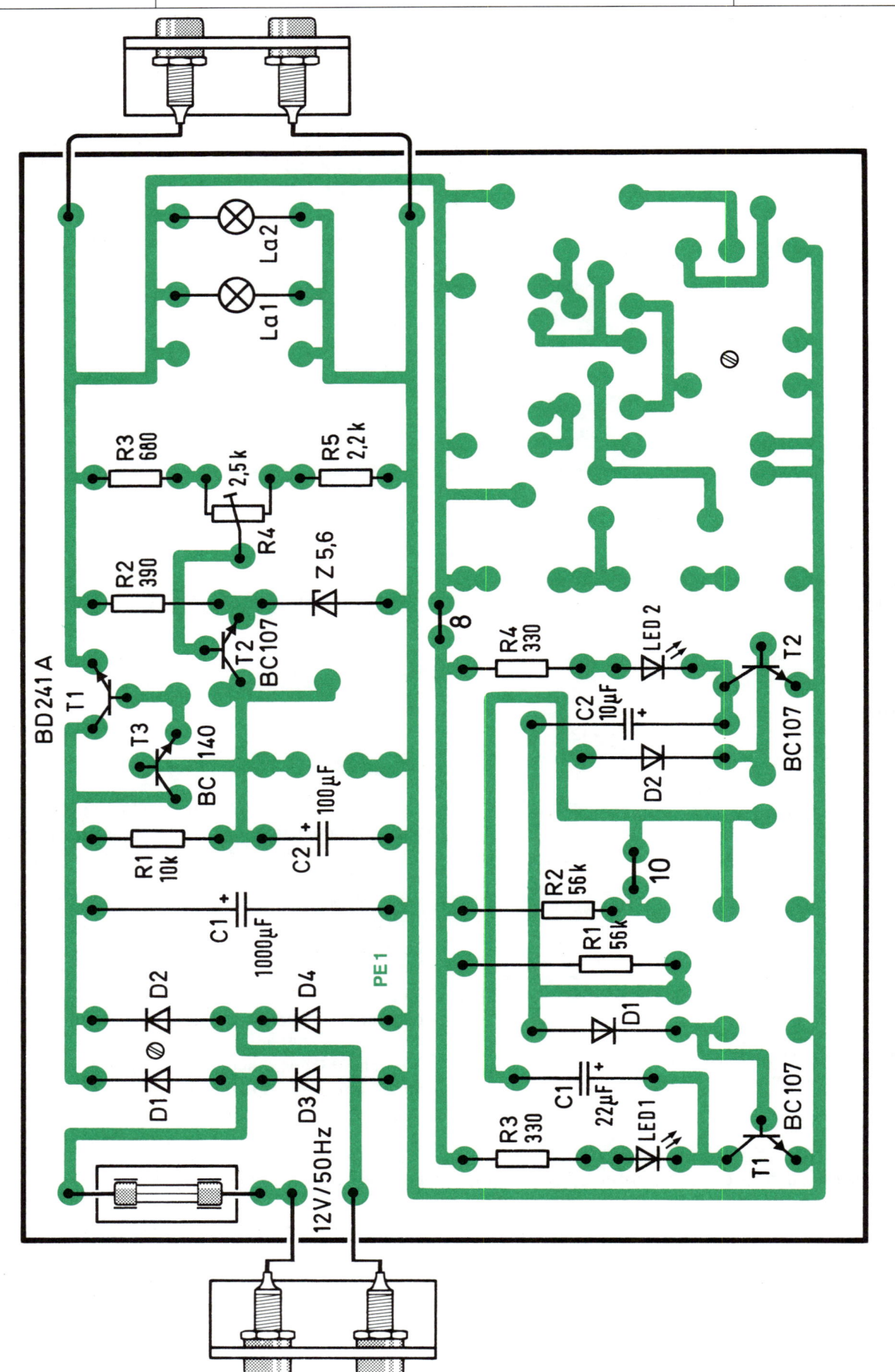

PE 1	PRAKTISCHE ELEKTRONIK – Teil 1	5.7
	Bauplan Astabile Kippstufe	

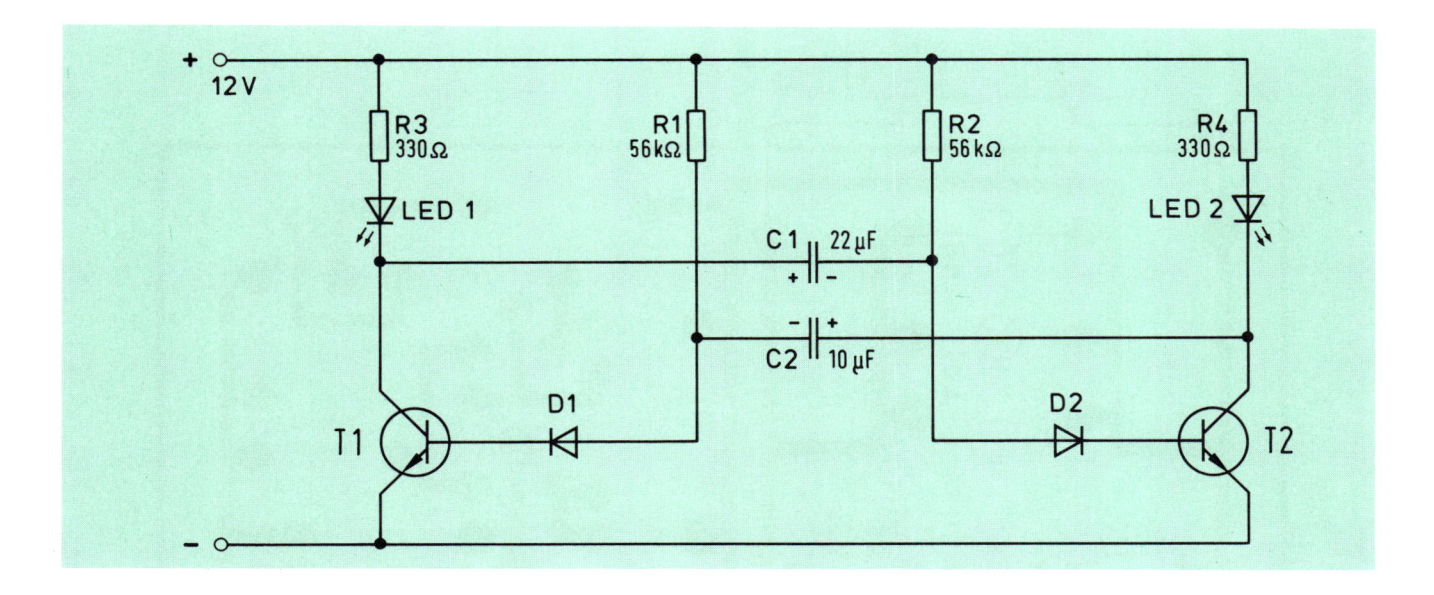

PE 1	PRAKTISCHE ELEKTRONIK – Teil 1	5.8
	Astabile Kippstufe	

B

Brücke 11 auslöten; Brücke 10 einlöten. Bauteile entsprechend Bauplan 5.7 ein-, um- oder auslöten.

M 1

Potentialverlauf (Spannung) an der Anode von D 1 ermitteln und Zeitdauer des Umladevorganges bestimmen.

$T = $ _____ ms

M 2

Potentialverlauf an der Anode von D 2 ermitteln und Zeitdauer des Umladevorganges bestimmen.

$T = $ _____ ms

M 3

Frequenz mit dem Oszilloskop messen.

$f = $ _____ Hz

Die Astabilen Kippstufen werden als Impulserzeuger eingesetzt. Sie können auch, wie in der vorliegenden Schaltung, als automatischer Blinkgeber verwendet werden. In elektronischen Rechenanlagen und auch in Steuerungen werden Multivibratoren als Taktgeber eingesetzt.

Bei der Astabilen Kippstufe wechseln die Schaltzustände beider Transistoren periodisch. Dieser ständige Wechsel läuft automatisch ab.

Mit der Betrachtung des periodischen Ablaufs wird hier begonnen, wenn der Transistor T1 vom gesperrten in den leitenden Zustand umschaltet. Das Kollektorpotential von T1 springt von +12 V gegen 0 V. Dieser negative Spannungssprung wird über C 1 und D 2 auf die Basis von T 2 übertragen. T 2 sperrt sofort. Über R 2 wird jetzt C 1 umgeladen. Ist die Spannung an der Basis von T 2 wieder auf etwa +600 mV angestiegen, dann beginnt T 2 zu leiten. Die Spannung am Kollektor von T 2 springt von +12 V gegen 0 V. Dieser negative Spannungssprung wird über C 2 und D 1 auf die Basis von T 1 übertragen. T 1 sperrt sofort. Über R 1 wird jetzt C 2 umgeladen. Ist die Spannung an der Basis von T 1 wieder auf etwa +600 mV angestiegen, dann beginnt T 1 zu leiten und der oben beschriebene Vorgang läuft erneut ab. Die Schaltung hat keinen stabilen Schaltzustand. Sie wird Astabile Kippstufe oder Multivibrator genannt.

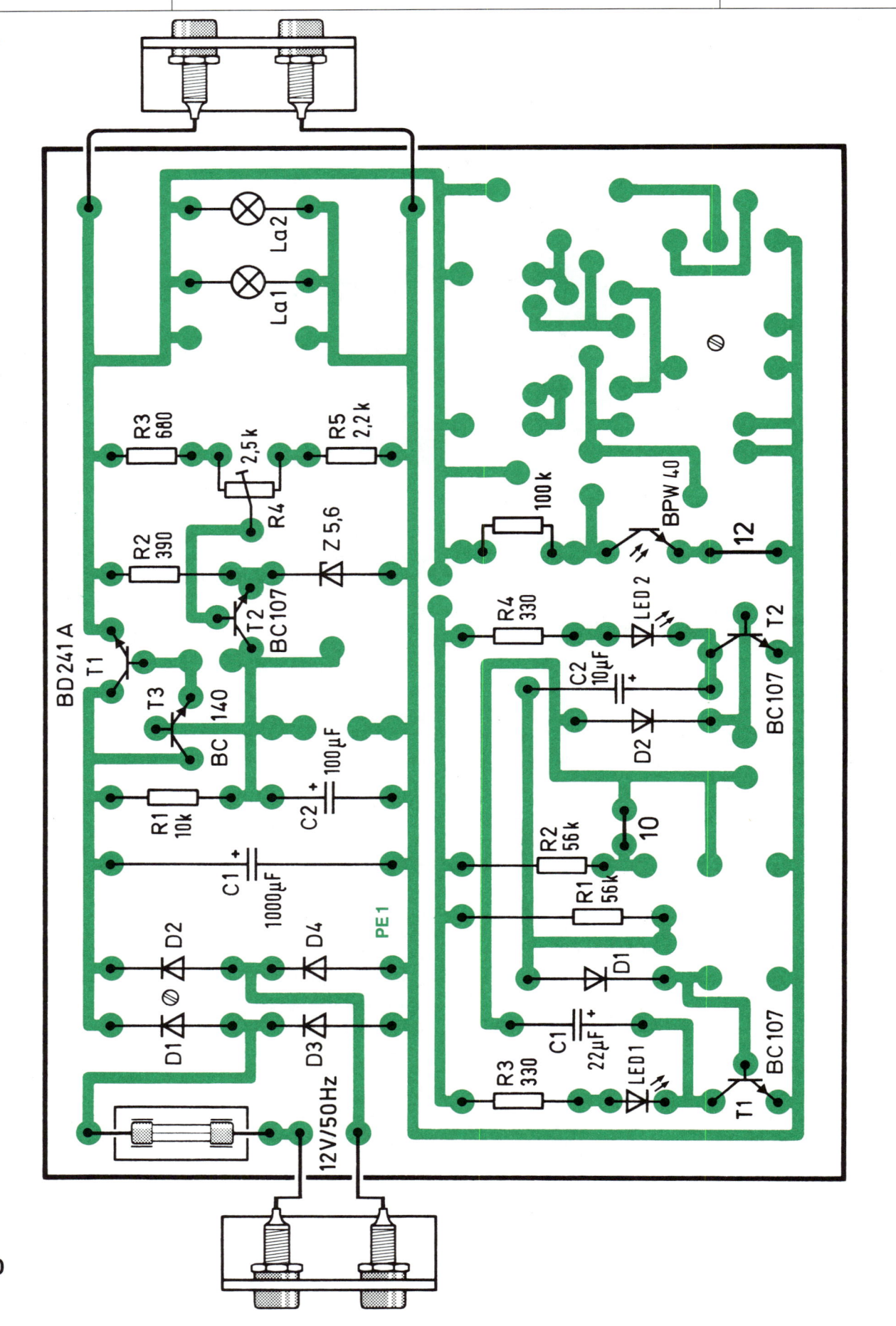

PE 1	**PRAKTISCHE ELEKTRONIK – Teil 1**	6.1
	Bauplan Lichtempfindliche Bauelemente	

PE 1	PRAKTISCHE ELEKTRONIK – Teil 1	6.2
	Lichtempfindliche Bauelemente	

Als lichtempfindliche Bauelemente werden heute bevorzugt Halbleiterbauelemente eingesetzt. Man unterscheidet dabei zwischen aktiven und passiven Fotohalbleitern.

Fotodiode, Fototransistor und **Fotowiderstand** sind passive Fotohalbleiter. Sie ändern ihren Widerstandswert mit der Beleuchtungsstärke und benötigen daher in der praktischen Anwendung eine Stromquelle.

Das **Fotoelement** ist ein aktiver Fotohalbleiter. Es liefert bei Belichtung einen Strom.

Die Fotodiode

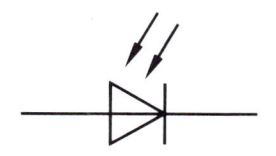

Schaltzeichen

Fotodioden werden in Sperrichtung betrieben. Sie sind so aufgebaut, daß Licht auf die Sperrschicht treffen kann. Dadurch ändert sich der Sperrstrom und damit auch der Widerstandswert der Fotodiode in Abhängigkeit von der Beleuchtungsstärke. Mit wachsender Beleuchtungsstärke steigt der Sperrstrom bzw. sinkt der Widerstand.

Der Fototransistor

Schaltzeichen

In der Wirkungsweise entspricht ein Fototransistor einer Fotodiode mit eingebautem Verstärker.

In Verbindung mit Transistorschaltungen oder zur Ansteuerung von integrierten Schaltungen werden vorwiegend Fototransistoren eingesetzt.

B
Brücke 8 auslöten.
Bauteile nach Bauplan 6.1 einlöten.

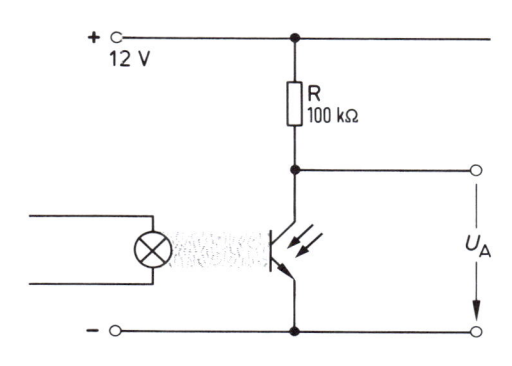

M 1
Fototransistor mit Glühlampe belichten und Ausgangsspannung U_A mit dem Oszilloskop messen. Dabei Abstand zwischen Lampe und Fototransistor verändern.

Wird die Reihenschaltung von Widerstand und Fototransistor an eine Gleichspannung gelegt, dann hängt der Spannungsabfall an dem Fototransistor von der Helligkeit bzw. der Entfernung der Lichtquelle ab. Bei einer Betriebsspannung von +12 V kann sich der Spannungsabfall an dem Fototransistor von etwa 0 V bis +12 V ändern. Wird als Lichtquelle eine mit Wechselstrom gespeiste Glühlampe verwendet, dann rufen die Sinushalbwellen Helligkeitsschwankungen der Glühlampe hervor. Der Fototransistor kann auch diesen Schwankungen folgen. Auf dem Oszilloskop ist eine der Ausgangsgleichspannung überlagerte Wechselspannung (Brummspannung) zu beobachten.

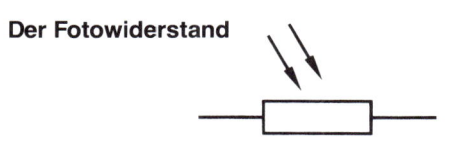

Der Fotowiderstand

Schaltzeichen

Der Widerstandswert eines Fotowiderstandes sinkt mit wachsender Belichtung. Bei völliger Dunkelheit liegen die Widerstandswerte sehr hoch.

Die Widerstandsänderung bei Belichtung (Empfindlichkeit) hängt stark vom jeweiligen Typ ab.

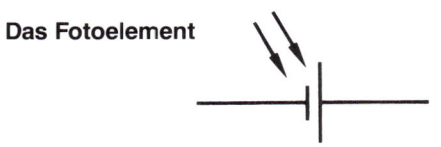

Das Fotoelement

Schaltzeichen

Das Fotoelement ist im Prinzip wie eine Fotodiode aufgebaut. Im Gegensatz zum Fotowiderstand und zur Fotodiode tritt an den Anschlüssen des Fotoelementes bei Belichtung eine Spannung (ca. 0,4 V) auf.

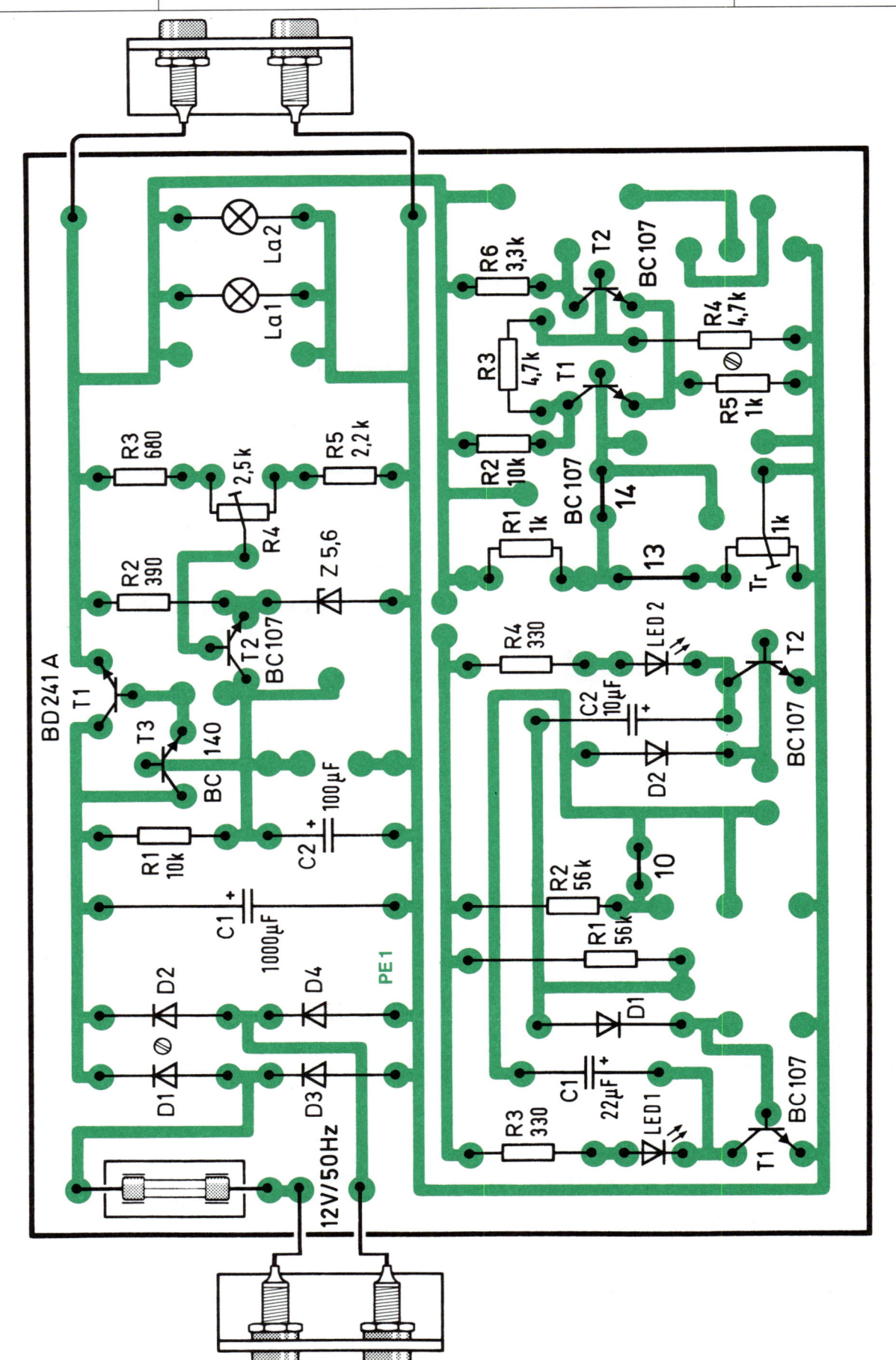

PE 1	**PRAKTISCHE ELEKTRONIK – Teil 1**	6.3
	Bauplan Schmitt-Trigger	

PE 1	**PRAKTISCHE ELEKTRONIK – Teil 1**	6.4
	Schmitt-Trigger	

Der Schmitt-Trigger hat wie die Bistabile Kippstufe zwei stabile Schaltzustände. Welcher der beiden stabilen Zustände eintritt, hängt von der Spannung an der Basis des Transistors T1 ab (Spannungsabhängige Kippstufe).

Ist U_E etwas größer als der Spannungsabfall am gemeinsamen Emitterwiderstand R5 (U_{BE} von T1 positiv), dann leitet T1 und T2 ist gesperrt. Wird U_E kleiner als der Spannungsabfall an R5 (U_{BE} von T1 negativ), dann wird T1 gesperrt und T2 leitet.

Der Basisspannungsteiler R2, R3, R4 ist so dimensioniert, daß bei leitendem Transistor T1 die Basis-Emitterspannung (U_{BE}) von T2 negativ ist. T2 ist dann sicher gesperrt. Die Spannung am Ausgang beträgt +12 V. Der Schmitt-Trigger hat einen stabilen Zustand eingenommen.

Sinkt U_E an der Basis von T1 ab (Widerstand von P verkleinern), dann beginnt T1 zu sperren. Die Kollektorspannung von T1 läuft gegen +12 V und T2 wird über R3 aufgesteuert. Der gemeinsame Emitterwiderstand R5 beschleunigt den Umschaltvorgang.

Der Schmitt-Trigger hat den anderen stabilen Schaltzustand eingenommen. Die Spannung am Ausgang ist praktisch gleich dem Spannungsabfall an R5. Wird die Spannung am Eingang wieder positiver (Widerstand Tr vergrößern), dann kippt die Schaltung in den ersten stabilen Zustand zurück.

B

Schmitt-Trigger nach Bauplan 6.3 aufbauen.

M 1

Tr so einstellen, daß die Spannung am Ausgang

$U_A = +12\ V$ ist.

Schleifer von Tr langsam zur Basis drehen, bis U_A springt.

$U_A = $ _____ V

$U_E = $ _____ V

M 2

Schleifer von *Tr* zurückdrehen, bis U_A wieder auf

$U_A = +12\ V$ zurückspringt.

$U_E = $ _____ V

Die Differenz (Unterschied) der beiden unter **M 1** und **M 2** gemessenen Eingangsspannungen nennt man Hysterese des Schmitt-Triggers.

Der Schmitt-Trigger wird als Schwellwertschalter eingesetzt (Grenzwertmelder). Unabhängig vom zeitlichen Verlauf der Eingangsspannung treten beim Über- oder Unterschreiten der Triggerschwelle am Ausgang des Schmitt-Triggers eindeutige Ausgangssignale auf (Impulsformer).

Wechselspannungen (z. B. Sinusspannungen) können in Rechteckspannungen umgeformt werden.

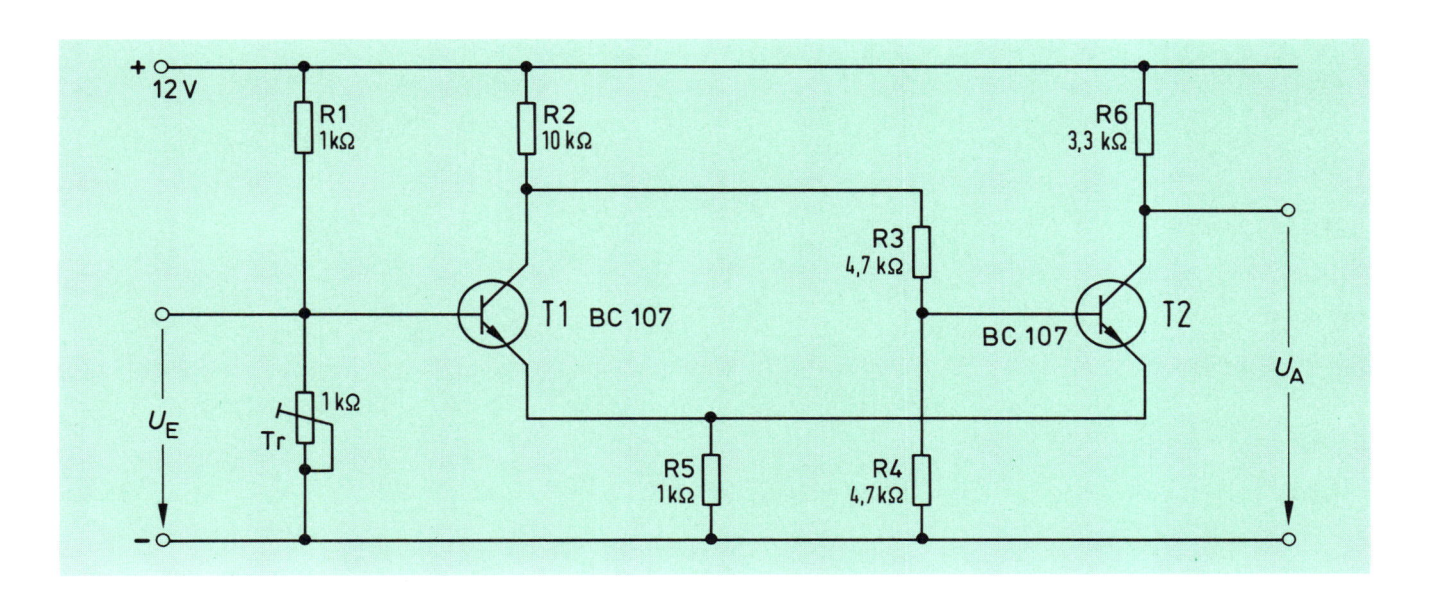

	PRAKTISCHE ELEKTRONIK – Teil 1	
PE 1		6.5
	Schmitt-Trigger	

Raum für Notizen

PE 1	PRAKTISCHE ELEKTRONIK – Teil 1	6.6
	Temperaturempfindliche Bauelemente	

Temperaturempfindliche Bauelemente werden als Meßfühler eingesetzt. In der Elektronik werden hauptsächlich die auf Halbleiterbasis aufgebauten PTC- und NTC-Widerstände verwendet. Gegenüber den metallischen Leitern ist die Änderung des Widerstandswertes bei Temperaturänderung sehr groß.

PTC-Widerstände

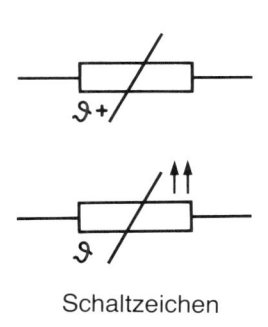

Schaltzeichen

PTC-Widerstände (**p**ositive **t**emperature **c**oeffizient), auch Kaltleiter genannt, haben im **kalten** Zustand einen **kleinen Widerstand**. Wird der PTC-Widerstand erwärmt, steigt sein Widerstandswert an.

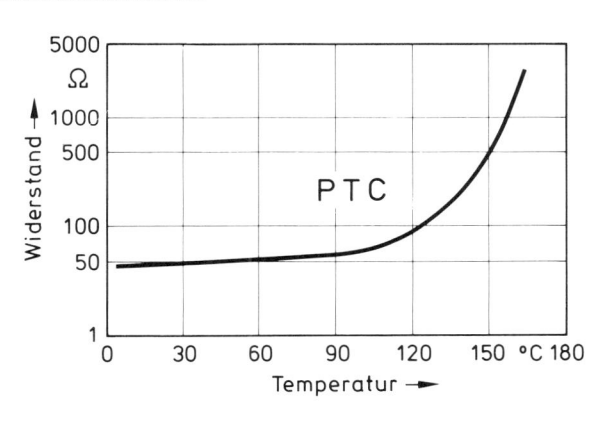

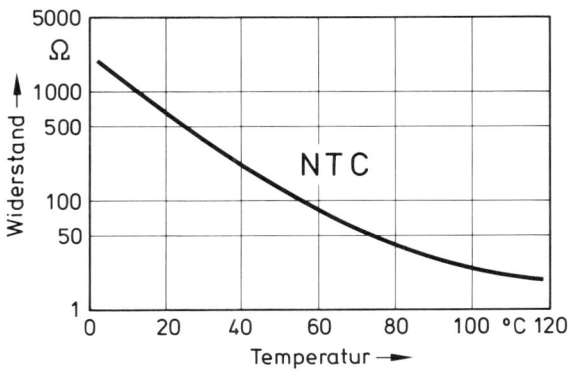

NTC-Widerstände

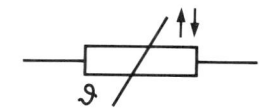

Schaltzeichen

NTC-Widerstände (**n**egative **t**emperature **c**oeffizient), auch Heißleiter genannt, haben im **heißen** Zustand einen **kleinen Widerstand**. Wird der NTC-Widerstand abgekühlt, dann steigt der Widerstandswert an.

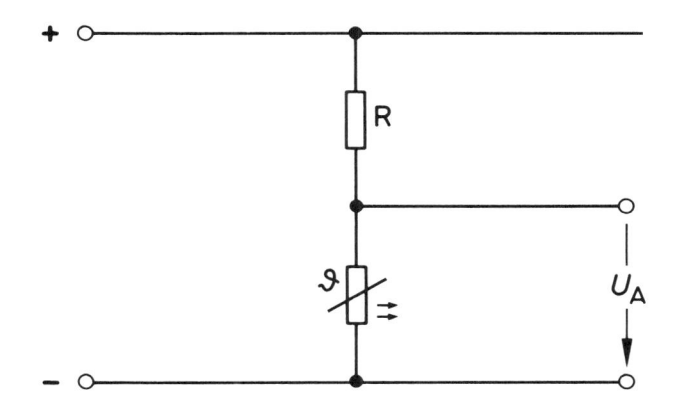

Wird die Reihenschaltung von einem ohmschen Widerstand und einem PTC- oder NTC-Widerstand an eine Gleichspannung gelegt, dann hängt die Ausgangsspannung U_A von der Temperatur des PTC- oder NTC-Widerstandes ab.

Beim Einsatz der temperaturempfindlichen Bauelemente muß ihre Wärmeträgheit berücksichtigt werden.

PRAKTISCHE ELEKTRONIK – Teil 1

PE 1 | **6.7**

Bauplan Temperaturempfindlicher Schalter

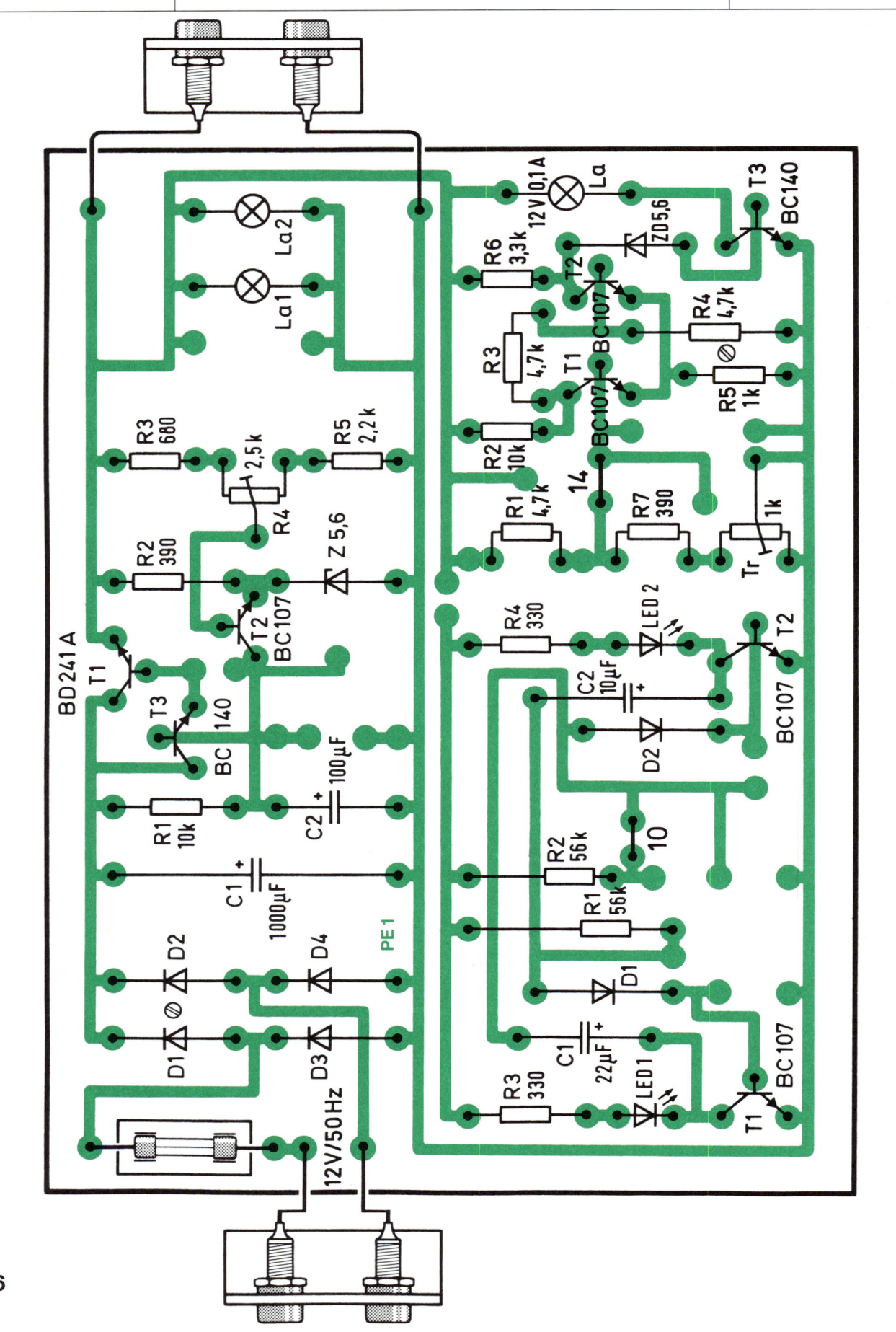

PE 1	PRAKTISCHE ELEKTRONIK – Teil 1	6.8
	Temperaturempfindlicher Schalter	

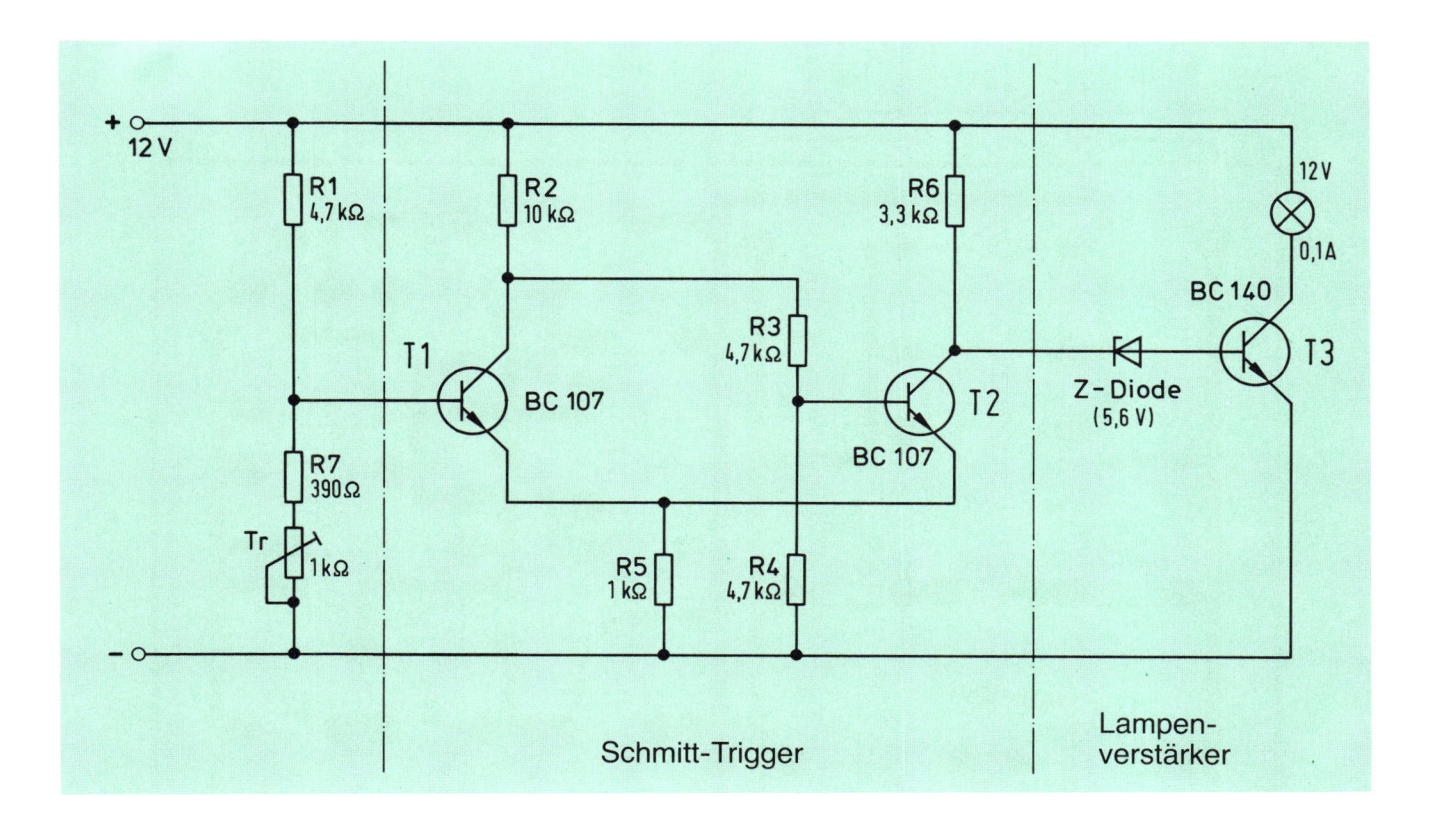

B 1
Bauelemente nach Bauplan 6.7 ergänzen bzw. ändern.

M 1
Ausgangsspannung des Schmitt-Triggers U_A und Eingangsspannung des Lampenverstärkers U_E

a) im Schaltzustand „Ein" und
b) im Schaltzustand „Aus"

mit Vielfachinstrument messen.

Schaltzustand „Ein" oder „Aus" durch Ändern des Trimmerpotis einstellen

a) U_A = _____ V   b) U_A = _____ V
   U_E = _____ V U_E = _____ V

B 2
Widerstand R7 durch PTC-Widerstand ersetzen.

M 2
Potentiometer unverändert lassen und PTC-Widerstand vorsichtig mit Lötkolben erwärmen, bis Lämpchen leuchtet (PTC-Widerstand nicht mit Lötkolben berühren).

PTC-Widerstand abkühlen lassen, bis Lämpchen erlischt. Temperaturwechsel wiederholen und dabei die Eingangsspannung des Schmitt-Triggers mit Vielfachinstrument beobachten.

Zur optischen Anzeige des Ausgangssignals ist ein zusätzlicher Lampenverstärker erforderlich. Dieser wird über eine in Sperrichtung betriebene Z-Diode an den Ausgang des Schmitt-Triggers angekoppelt.

Die Z-Diode leitet, wenn die Spannung am Kollektor von T2 größer als die Z-Spannung ist. Dadurch kann ein genügend großer Strom zur Basis des Transistors T3 fließen. T3 leitet, und das Lämpchen leuchtet. Ist im anderen Schaltzustand des Schmitt-Triggers T2 leitend, dann ist die Kollektorspannung von T2 kleiner als die Z-Spannung. Die Z-Diode sperrt. Es kann kein Basisstrom fließen, und T3 ist ebenfalls gesperrt. Das Anzeigelämpchen erlischt.

Als Temperaturfühler wurde eine Type ausgewählt, bei der im Arbeitsbereich bereits kleinere Temperaturänderungen große Widerstands- und damit auch größere Spannungsänderungen am Eingangsspannungsteiler hervorrufen. Temperaturempfindliche Schalter werden z. B. eingesetzt als Temperaturwächter in Waschmaschinen oder als Wärmefühler in Elektro-Speicherheizungen.

PE 1	**PRAKTISCHE ELEKTRONIK – Teil 1**	6.9
	Bauplan Lichtempfindlicher Schalter	

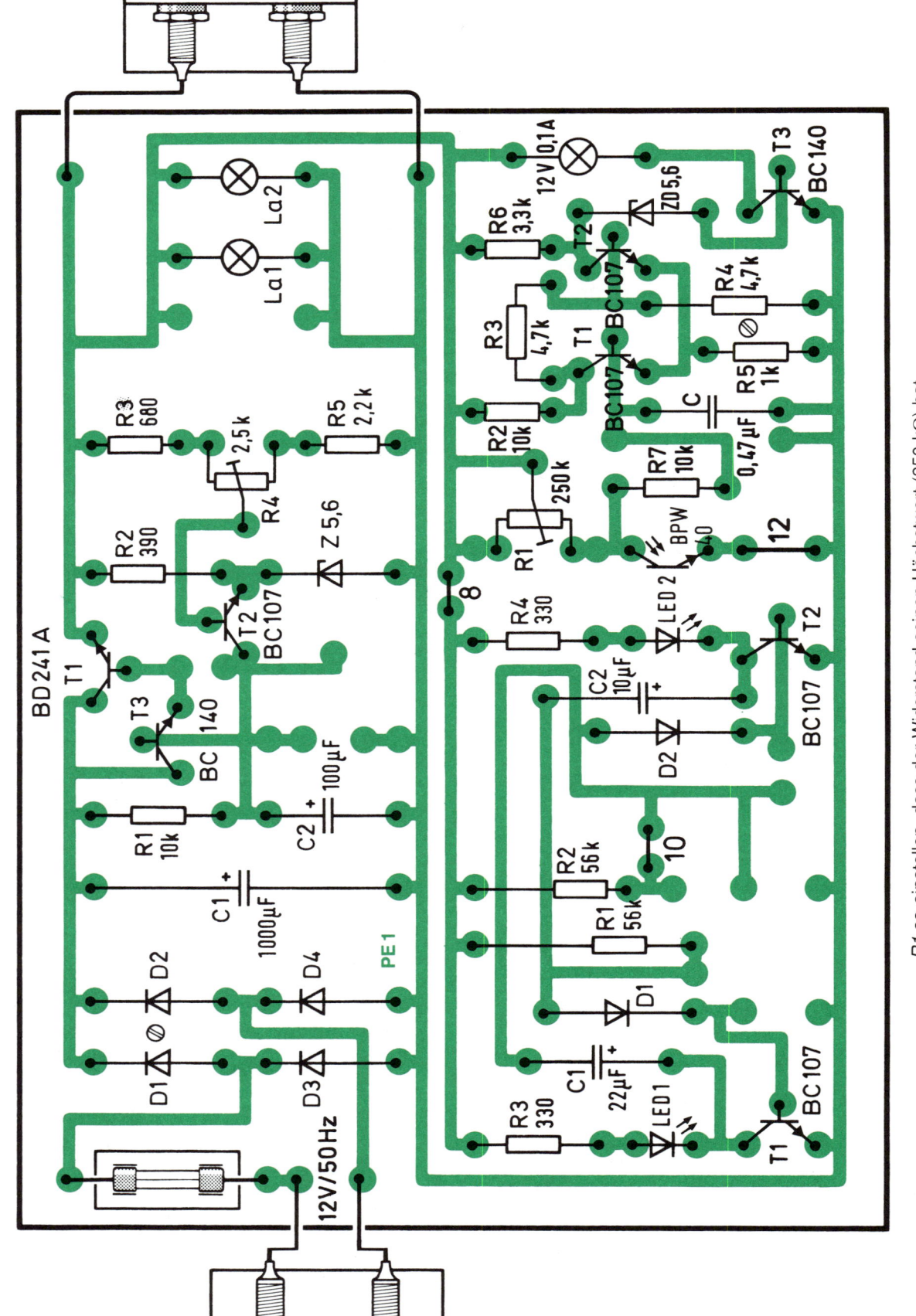

R1 so einstellen, dass der Widerstand seinen Höchstwert (250 kΩ) hat.

PE 1	PRAKTISCHE ELEKTRONIK – Teil 1	6.10
	Lichtempfindlicher Schalter	

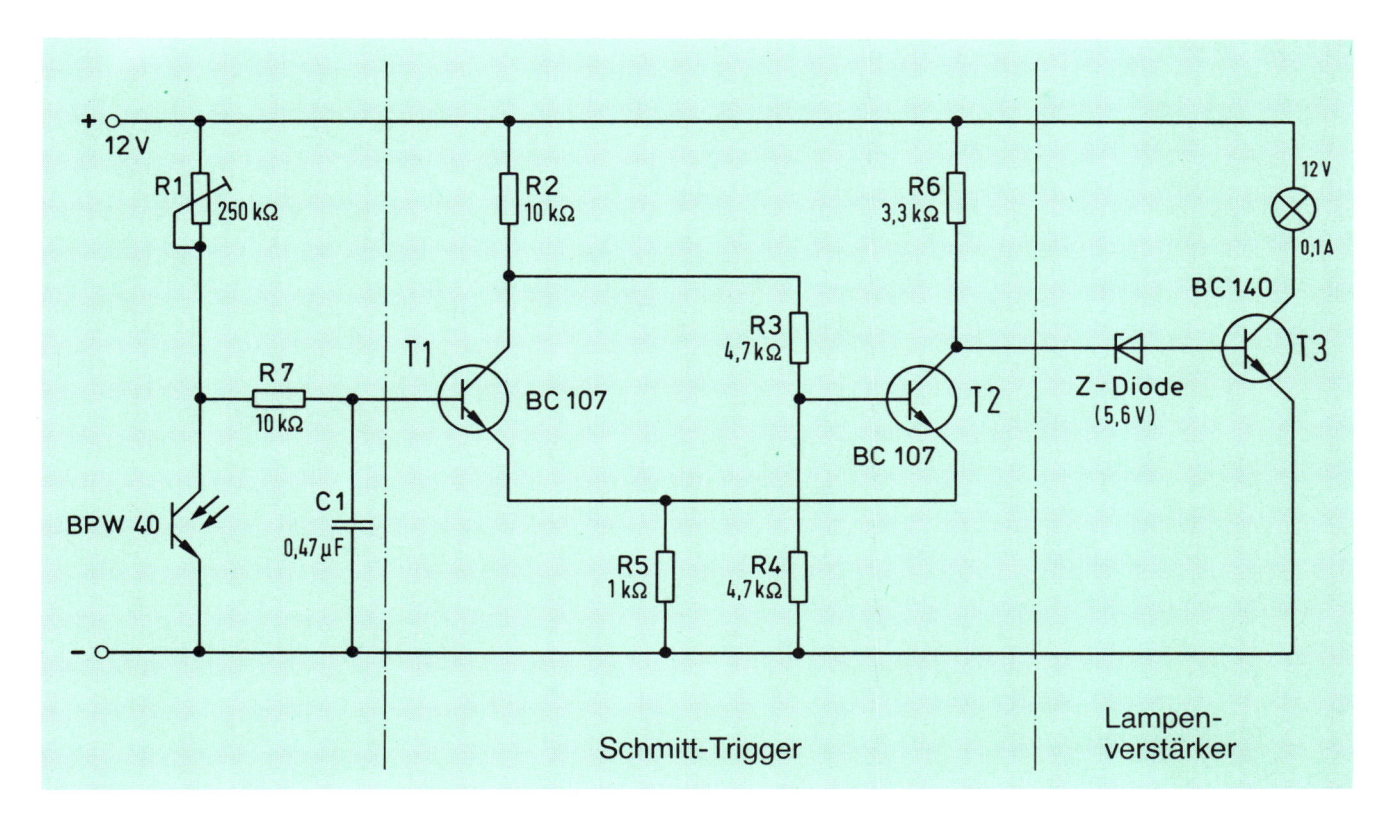

Schmitt-Trigger | **Lampenverstärker**

B 1
Lichtempfindlichen Fühler nach Bauplan 6.9 aufbauen.

M 1
Fototransistor und LED 2 so biegen, daß LED 2 direkt den Fototransistor belichtet. Den Trimmer R1 so einstellen, daß La im Rhythmus von LED 1 aufleuchtet.

B 2
Brücke 8 wieder entfernen.

M 2
Fototransistor mit Glühlampe oder Taschenlampe belichten. Lampe entfernen und wieder annähern bzw. Fototransistor mit Hand oder Karton abdecken.
Belichtungswechsel des Fototransistors mehrfach wiederholen. Dabei Spannungsabfall an Fototransistor und Eingangsspannung des Schmitt-Triggers mit Vielfachinstrument messen und auf dem Oszilloskop beobachten.
Der lichtempfindliche Schalter **schaltet ein**, wenn die Eingangsspannung des Transistors T1

$U_E = $ _____ V beträgt.

Der lichtempfindliche Schalter **schaltet aus**, wenn die Eingangsspannung des Transistors T1

$U_E = $ _____ V beträgt.

Die Differenz zwischen den beiden Eingangsspannungen (Schalter ein, Schalter aus) nennt man die Hysterese des lichtempfindlichen Schalters.

Wird eine Glühlampe mit Wechselspannung gespeist, dann sind der Grundhelligkeit noch Helligkeitsschwankungen überlagert, denen der Fototransistor folgen kann. Dem Gleichspannungsabfall ist dann noch eine Wechselspannung überlagert.

Hat der Schmitt-Trigger eine zu kleine Hysterese, so kann in einem bestimmten Bereich diese überlagerte Wechselspannung den Schmitt-Trigger im Rhythmus der Helligkeitsschwankungen laufend ein- und ausschalten.

Dieser störende Effekt wird in der vorliegenden Schaltung durch ein RC-Glied (Siebglied) beseitigt. Außerdem ist die Schaltung so ausgelegt, daß die Hysterese des Schmitt-Triggers relativ groß ist und daher die restlichen Spannungsschwankungen nicht mehr stören.

Wird die Glühlampe mit einer Gleichspannung gespeist (Taschenlampe), dann kann das RC-Glied entfallen.

Lichtempfindliche Schalter werden z. B. als Lichtschranke oder Dämmerungsschalter eingesetzt.

PE 1	PRAKTISCHE ELEKTRONIK – Teil 1	6.11
	Lichtempfindlicher Schalter	

Raum für Notizen

HPI-Fachbuchreihe Elektronik/Mikroelektronik

ELEKTRONIK I – Elektrotechnische Grundlagen der Elektronik

Lehrbuch
2001. 6. Auflage, 469 Seiten, 400 Abbildungen, gebunden. ISBN 3-7905-0861-6

Prüfungsaufgaben
2002. 6. Auflage, 264 Seiten, 474 Prüfungsaufgaben mit Lösungshinweisen, kartoniert.
ISBN 3-7905-0839-X

Arbeitsblätter
2001. 6. Auflage, 224 Seiten, kartoniert.
ISBN 3-7905-0848-9

ELEKTRONIK II – Bauelemente und Grundschaltungen der Mikroelektronik

Lehrbuch
1999. 8. Auflage, 584 Seiten, 656 Abbildungen, gebunden. ISBN 3-7905-0813-6

Prüfungsaufgaben
1999. 6. Auflage, 260 Seiten, 472 Prüfungsaufgaben mit Lösungshinweisen, kartoniert.
ISBN 3-7905-0814-4

Arbeitsblätter
1998. 6. Auflage, 248 Seiten, zahlreiche Abbildungen, kartoniert. ISBN 3-7905-0786-5

Elektronik III – Baugruppen der Mikroelektronik

Lehrbuch
1992. 7. Auflage, 356 Seiten, 354 Abbildungen, kartoniert. ISBN 3-7905-0630-3

Prüfungsaufgaben
1992. 5. Auflage, 260 Seiten, 458 Prüfungsaufgaben, kartoniert. ISBN 3-7905-0632-X

Arbeitsblätter
1992. 5. Auflage, 212 Seiten, zahlreiche Abbildungen, kartoniert. ISBN 3-7905-0631-1

Elektronik IVA – Leistungselektronik

Lehrbuch
1991. 4. Auflage, 392 Seiten, 331 Abbildungen, gebunden. ISBN 3-7905-0599-4

Prüfungsaufgaben
1988. 2. Auflage, 256 Seiten, 400 Prüfungsaufgaben, kartoniert. ISBN 3-7905-0539-0

Lösungshinweise
1993. 2. Auflage, 28 Seiten, kartoniert.
ISBN 3-7905-0671-0

Arbeitsblätter
1988. 2. Auflage, 174 Seiten, zahlreiche Abbildungen, kartoniert. ISBN 3-7905-0524-2

Elektronik IVB – Meß- und Regelungstechnik

Lehrbuch
1995. 4. Auflage, 532 Seiten, 669 Abbildungen, gebunden. ISBN 3-7905-0721-0

Prüfungsaufgaben
1990. 243 Seiten, 382 Prüfungsaufgaben, gebunden.
ISBN 3-8905-0514-5

Lösungshinweise
1990. 32 Seiten, kartoniert. ISBN 3-7905-0515-3

Arbeitsblätter
1992. 2. Auflage, 231 Seiten, zahlreiche Abbildungen. ISBN 3-7905-0642-7

Elektronik IVE – Computergestützte Steuerungstechnik

Lehrbuch
1994. 200 Seiten, 176 Abbildungen, gebunden.
ISBN 3-7905-0686-9

Arbeitsblätter
1994. 162 Seiten, zahlreiche Abbildungen, kartoniert.
ISBN 3-7905-0688-5

Prüfungsaufgaben
1995. 48 Seiten, 64 Prüfungsaufgaben mit Lösungshinweisen und Lösungen zu den programmierten Aufgaben, geheftet. ISBN 3-7905-0687-7

Elektronik IVF – Mikrocontroller und GAL

Lehrbuch
1997. 352 Seiten, 166 Abbildungen, kartoniert.
ISBN 3-7905-0752-0

Arbeitsblätter
1997. 164 Seiten, zahlreiche Abbildungen, kartoniert.
ISBN 3-7905-0760-1

Praktische Elektronik, Teil 1
2002. 11. Auflage, 48 Seiten, kartoniert.
ISBN 3-7905-0886-1

Praktische Elektronik, Teil 2
1996. 7. Auflage, 60 Seiten, kartoniert.
ISBN 3-7905-0732-6

Sollten die hier angezeigten Auflagen vergriffen sein, liefern wir jeweils die neueste Auflage.
Stand 6/2002

Richard Pflaum Verlag GmbH & Co. KG, Lazarettstr. 4, 80636 München
Telefon 089/12607-0, Telefax 089/12607-333, http://www.pflaum.de